JN244479

ダルマ舎叢書 II

原発のない女川へ

――地域循環型の町づくり

篠原弘典・半田正樹 編著

社会評論社

まえがき

二〇一一年三月一一日、一四時四六分、突如、荒波の襲撃をうけた小舟のなかで翻弄されるような感覚に突き落とされた。床が、地面が、これでもかと激しく波を打ち、かつて一度たりとも経験したことのない恐怖に全身がすくんだ。猛烈で凄まじい揺れは、いつまでも、いつまでも続き、のちに約三分とわかったその長さは、恐ろしいほどに普段の感覚を奪い取り、打ちのめした。

しかし、こうした内陸で体験した「東日本大震災」は、実は何ほどのものでもなかったことが判明する。沿岸部には、大地震だけでなく、千年に一度の大津波が襲来し、それぞれの地域が壊滅的状況に追い込まれた現実があったからである。もっとも、激しい揺れのあと、電気が停まり、モバイル端末もたちまちバッテリーが上がってしまったため、沿岸部で何が起きていたのかがつまびらかになったのは、震災後数日経過して、電気が戻ってからであった。

それと同時に、わたしたちは、大震災が東京電力・福島第一原子力発電所の破局をともなっていたという驚愕の事実を突きつけられた。その瞬間、大地震・大津波に襲われた宮城県女川町の知人の身を案じるとともに、女川に立地する原子力発電所の被災状況がどれほど深刻な状態になっているのかに気を揉んだ。これものちに、海面から一四・八メートルの高さにあった女川原発は、一メートルの地盤沈下に見舞われたものの、押し寄せた津波の高さが一三メートルだったことから、わずか八〇センチの高低差で恐るべき被害を免れたことを知った。

そうした大地震・大津波・原発災害という複合厄災としての「東日本大震災」から八年半が経過した。被災三県（岩手・宮城・福島）の沿岸部の復興は、どこまで進んだのであろうか。それぞれの地域における被災住民の生活日常は、どれほど安定の域に戻ったのであろうか。とりわけ東京電力・福島第一原発災害は、どのように判断される状況にあるのだろうか。

実は、こうした問いかけ自体が、もはや普段の口の端には掛からなくなったという現実がある。あるいは千年に一度の大津波を含む歴史的な複合厄災自体が、忘却のカゴに回収されつつあるといえばよいだろうか。

むろん、こうした事態が出現したのは、複合厄災という危難をのりこえ、復興の段階から次なるステージが見通せるようになったからでもなければ、時間の経過とともに記憶の層が蒸散していくという人間に内在する自然過程によるものでもない。

それは、明らかに作為的・意識的に記憶を棚上げし、むしろ容易ならぬ様相を塗りつぶそうという意図によって助長された結果と言うべきであろう。

わたしたちは、この国の宰相が、世界の衆目の前で、二〇一三年九月すなわち大震災からわずか二年半後の時点で、福島原発の汚染水問題を「状況は完全に制御されている（The situation is under control）」とうそぶき、事実とは百八十度違うことを吐いたことを今でもはっきりと記憶にとどめている。それは、どんなことをしてでも日本の東京で五輪大会を開催するという強情が口に上らせたせりふであった。

いいかえれば、福島第一原発の廃炉・廃棄作業にとって、また被災地の復興にとっても絶対に不可欠な人材、資材を奪い取ることになることを度外視した上で、福島第一原発の手の施しようのない惨状を覆い隠し、そこから衆人の眼をそらすために、東京五輪の狂騒こそが欠くべからざるからくりだと確信したが故の口上だったと想像できる。むろん、とくにこの国の経済社会が、いまや五輪大会や万国博覧会のような世界規模のスポーツ大会と祭事を、その場しのぎにつないでいくほかやり繰りの手立てがなくなっていることは、ここでは問わないでおこう。

わたしたちの最大の関心事は、何よりも東京電力・福島第一原発の惨禍の行方であり、被災した沿岸部市町村の復興とその先のあらたな地域社会づくりにこそある。

近・現代をつらぬく科学技術の粋を凝縮して建造されたと華々しく喧伝されてきたのが原子力発電所であった。東京電力・福島第一原発5・6号機が立地する福島県双葉町のJR双葉駅そばに、一九八八年から、当時小学六年生だった少年が考えた標語、「原子力　明るい未来の　エネルギー」が記された看板が誇らしく掲げられてきた。

しかし、「三・一一東日本大震災」は、天災であると同時にまさに近・現代を根源から問い返す必然性を持つ人災というべき複合厄災であった。

わたしたちは、本書で、原子力発電の本質を問い、とりわけ現在新規制基準の審査を受けている東北電力・女川原発2号機（立地自治体は宮城県女川町および石巻市）が再稼働となった場合のはらむ問題を多元的に掘り下げることにする。原子力発電が、人間社会に対して致命的な難点を有し、けっして道理をもつものではないことを明らかにする。その上で、原発のない町、社会的・経済的に原発に頼らずに持続できる町をいかに展望するのかを取り上げたいと思う。

東日本大震災直後に、当時女川第二小学校六年生だった少年が書いた詩がある。その前半の二行が、女川町にある四階建て病院が立つ高台の横断幕に掲げられてきた。

四行詩全体は次の通りである。

女川は流されたのではない
新しい女川に生まれ変わるんだ

人々は負けずに待ち続ける
新しい女川に住む喜びを感じるために
作：佐藤柚希（朝日新聞二〇一二年、一〇月二八日朝刊・宮城全県版より）

この少年の気概に副いながら、生まれ変わる女川町に向けて本書がいささかでも寄与できればと願う。

あらかじめ、本書の構成と概要を記しておこう。

第一章　原発の「安全神話」はいかにして作られたか

Ⅰ福島原発が示したこと（小出裕章稿）では、原子力発電に手を出してはならない根源的理由を整理し、仮に「事故」が生じるとすれば、破局的結末になる必然を明らかにした。また、原発推進派の主張・説明のすべてを「福島の現実」が打ち砕いたこと、福島第一原発「事故」の最大の隘路・苦難が、「事故」収束に必要不可欠の「デブリの取り出し」が不可能である点にあることをしめした。総じて、原発の安全神話がいかにつくられ、神話が「事故」の後も維持されているメカニズムを説き明かしている。

Ⅱ女川原発の現状と今後（石川徳春稿）では、女川原発2号機が再稼働するとすれば、福島原発災害の原因究明とその教訓化が全くないまま実行されるという重大な問題を指摘している。福島原発災害後も女川原発ではトラブルが続発している事例を紹介しつつ、東北電力の技術力・現場力の脆弱性をえぐりだしている。その上で、そもそも原発が、「死の灰製造装置」以外の何ものでもない事実をみすえ、女川原発2号機の再稼働が、死の灰を未来世代へ押し付けることになる冷酷な事実を鮮明にする。

第二章　原発の「経済神話」

Ⅰ原発立地自治体の財政と経済（田中史郎稿）では、まず原発立地自治体財政の三割以上を原発関連が占めることに注目し、その要素が原発の固定資産税である点を指摘する。しかも、これが自治体歳出の不健全な大型化をまねいている事実を明らかにする。原発の「経済神話」については、他の電源よりも発電コストが低いとされてきたことと立地自治体において経済効果があると信じられてきた点をとりあげ、何れも根拠がないことを検証した。原発は市場経済（経済的合理性）になじまず、かつ地域経済の「飛び地」を作るだけとみる。

Ⅱ女川原発と町経済・町財政（菊地登志子稿）では、まず原発事業が女川町の人口減少の歯止めにはならなかった点をおさえている。また、原発関連の交付金を充てた公共事業が町内の建設業を潤し、それに連動してサービス業、小売業の町内純生産がやや増加したという間接的効果はあったが、ほんの一時的現象であったことを検証する。その上で、町財政は、歳入の六割を占める固定資産税と電源三法交付金により、自立性が失われたことを明らかにしつつ、総じて、原発が町経済・町財政に益となるという「神話」の正体を突きとめた。

第三章　原発の「地域社会分断」作用

Ⅰ原発が地域社会を破壊する（西尾漠稿）では、原発の建てられ方、すなわち原発の推進主体が建設計画をスタートさせてからどのような段取りで運転開始まで至るのかを検証している。その過程をトレースするなかで、原発立地をめぐって賛成派と反対派という分断が生まれる様を浮き彫りにしていく。福島原発災害が、のどかな田園風景や豊かな自然を破壊したが、災害以前に、原発は建造プロセスそのもののなかで、人の心の破壊、地域破壊を惹き起こす本性をもっていることを鮮やかに描き出す。

Ⅱ女川の漁民は原発建設計画にどのように抵抗したのか（篠原弘典稿）では、女川の町がいわばものの言えない東北電力の原発城下町となった経緯が丹念にたどられる。すなわち、一九六〇年代の初頭から東北における原発誘致運動が始まったが、一九六八年一月の東北電力による女川町小屋取地区への建設の正式決定以降の漁民の建設反対の闘い、建設をめぐるつなひきのダイナミズムをフォローする。そして、漁民のなかに溝が生じ、十年以上の闘いが幕を下ろすことになった（原発が建設された）舞台裏を解き明かす。

Ⅲ原発を撥ね返した地域—地元住民の感性と論理（半田正樹稿）では、まず、原発を拒否した地域が原発を受け容れた地域の三倍以上にのぼることを確認する。原発立地の標的となった地域は、地域産業の衰退、過疎化、人口減少、財政の逼迫など共通する困難をもつが、原発を拒否できた地域は、「自分だけでなく子、孫の生命を守る、生きる支えである海、自然を守る」という意志・直感に基づきながら、外部に依存せず自立していく道こそ理にかなうことを前面に押し出している事実を読み解く。

第四章　地域循環型社会をめざして

地域循環型社会として自立する女川（半田正樹稿）

原発が立地する宮城県女川町が、もし原発廃炉の選択をするとすれば、一切原発に頼らない町をあらためて構想しなければならない。その町のあり方は、もともと諸困難をかかえながら原発を退けることに成功した地域のすがたに重なるとみる。そこで、とくに中国電力の上関原発計画を断念させた上関町の離島・祝島の地域づくりの理念に注目し、そのキーワードを食とエネルギーを土台とする「地域内自給」として抽出する。

その上で女川町は、「東日本大震災」で壊滅の危機に瀕したが、公民連携を軸とした立ち直りはきわめてハイペースで進み、「復興のトップランナー」と注目されるにいたったことを確認する。その上で、復興は、まだ女川町の中心部（ＪＲ女川駅と近接エリア）にとどまり、町全域をカヴァーするには、より複眼的なアプローチが不可欠であることを指摘する。

　その際の手がかりとして、二一世紀に入ってから農山漁村に対する関心の高まりが若い世代を巻き込みながら顕著となっていることに注目する。自然との共生に基本をおく生活は、つまるところ人類にとって制御不能の人工物＝原発とともにあることの対極にあるという視座からである。

　本章では、原発に依存しない女川の町づくりが、町の経済・財政の両面において現実の次元で、すでにリアリティをもつことを指摘しつつ、さらにあるべき方向について考えた。

　すなわち、自然との共生に基本をおく生活、それを担保する仕組みとして「自立する地域社会」、いいかえれば地域内で食、エネルギー、ケア（世話・相互扶助）を基本的に自給する「地域循環型社会」の構想を、理論的な裏付けを確認しながら提起した。

　「東日本大震災」の災禍からいちはやく再起し、「復興のトップランナー」として耳目を集めてきた女川町。女川町が「復興の先でもトップランナー」となり、それが同時にどの原発立地自治体でも「原発のない町づくり」をめざすべき原型・モデルとして注目されることを期待したい。

二〇一九年六月

編者　篠原弘典・半田正樹

原発のない女川へ——地域循環型の町づくり　＊目次＊

Ⅱ　女川原発と町経済・町財政　菊地　登志子　85

第三章　原発の「地域社会分断」作用　……　119

Ⅰ　原発が地域社会を破壊する　西尾　漠　120

第一章　原発の「安全神話」はいかにして作られたか

【写真上】福島第一原発原子炉建屋・水素爆発後（２０１１年３月15日）。東京電力（１〜４号機原子炉建屋外観）より
【左】停止したままの女川原発（２０１７年７月女川原子力ＰＲセンター）

Ⅰ　福島原発が示したこと

小出　裕章

1　原子力発電の危険の根源

a　原子力にかけた夢

はじめに一つ新聞記事を紹介しよう。

「さて原子力を潜在電力として考えると、まったくとてつもないものである。しかも石炭などの資源が今後、地球上から次第に少なくなっていくことを思えば、このエネルギーのもつ威力は人類生存に不可欠なものといってよいだろう。

（中略）電気料は二千分の一になる。

（中略）原子力発電には火力発電のように大工場を必要としない、大煙突も貯炭場もいらない。また毎日石炭を運びこみ、たきがらを捨てるための鉄道もトラックもいらない。密閉式のガスタービンが利用できれば、ボイラーの水すらいらないのである。もちろん山間へき地を選ぶこともない。ビルディングの地下室が発電所と

いうことになる。」（一九五四年七月二日、毎日新聞）
一九五四年とは、日本の国会で原子炉建造予算が可決された年で、さぁこれから日本でも原子力発電だと沸き返っていた年だった。新聞を含め、すべてのマスコミが原子力の夢を振りまいた。「原子力は無尽蔵の未来のエネルギー」「値段がつけられないくらい安価なエネルギー」「科学の粋を尽くした安全なエネルギー」というものだった。

ただ、本当のことを言えば、原子力の燃料であるウランの地殻中埋蔵量は貧弱で、それから得られるエネルギーは石油、石炭などに比べてはるかに少なかった。また、モデル計算ではなく実際の経営データを使って計算すれば、原子力発電の発電単価は、火力と比べても水力と比べても高かった。そして、原子力発電が安全でないことは、福島第一原子力発電所の事故で、事実として示された。

b　原子力利用が生む放射能と崩壊熱

原子力発電は、ウランの核分裂反応で生じるエネルギーを使って発電する。ウランの核分裂反応とは、広島原爆で使われた反応である。一九四五年八月六日、広島の上空で一発の爆弾が炸裂した途端、広島の街は一瞬にして壊滅した。原子爆弾（原爆）が実戦で初めて使われた時であった。その原爆はＴＮＴ火薬に換算して一六キロトン、つまり一万六〇〇〇トン分の爆発力を持っていた。その爆発力を生むために核分裂したウランの重量はわずか八〇〇ｇであった。従来の爆弾とは全く違った圧倒的に巨大な爆弾が生み出されたのであった。

その威力のすさまじさを見て、私は、そのエネルギーを戦争ではなく、人類の平和のために使いたいと夢想した。そして原子力発電に自分の人生を賭けることにした。しかし、私が夢をかけた原子力発電では、今日標準的な一〇〇万キロワットの原子力発電所を一年運転するために、一トンのウランを核分裂させる。つまり、原子力発電所とは一年毎に広島原爆一〇〇〇発分を超えるウランを核分裂させ、それによって生じた核分裂生成物、いわゆる死の灰を原子炉の中に貯め込んでいく装置であった。この途方もなく厖大な放射能の蓄積こそ、原子力発電の危険の根源である。

この放射能の厖大な蓄積は被曝という観点からもちろん重要である。ただし、特に原発の事故を考える場合にもう一つ重要な意味を持っている。「放射能」という言葉は、もともとは放射線を放出する能力を意味する言葉である。そして、日本では「放射能」という言葉が「放射性物質」をさす場合にも使われる。いずれにせよ、原子炉の中に厖大な核分裂生成物＝放射性物質が蓄積していれば、それから厖大な放射線が放出される。放射線にはアルファ線、ベータ線、ガンマ線など様々な種類があるが、周りの物質との相互作用で、いずれにしても熱に変わる。つまり、厖大な放射能を持っているということは、厖大な発熱をしているということである。この発熱を「崩壊熱」と呼ぶが、原子力の専門家であっても、事故時の挙動の専門家でなければ、この崩壊熱の強烈さを認識している人は少ない。例えば、何らかの出来事があって、原子炉を停止させる、つまりウランの核分裂連鎖反応を止めれば、その時点で発熱はなくなり、事故はそれ以上進展しないと思ってしまう。しかし、ウランの核分裂連鎖反応を止め、それによる発熱を止めることができたとしても、原子炉の中にすでに厖大に溜まってしまっていた核分裂生成物による「崩壊熱」は止めることができない。長時間運転を続けてきた原子炉の場合、原子炉の中での発熱の九三％分は核分裂反応によるが、七％分は「崩壊熱」による。

発電所の出力が一〇〇万キロワットという場合、普通は電気出力を意味する。つまり電気になって送り出されるエネルギーが一〇〇万キロワットという意味である。火力発電所も原子力発電所も蒸気機関の一種であり、作り出した蒸気のエネルギーの一部を電気に変える。蒸気のエネルギーのうちどれだけを電気に変換できるかを熱効率と呼ぶが、原子力発電所の熱効率は著しく悪く、熱効率は三三％でしかない。つまり原子炉の中の発熱のうちたった三分の一だけが電気になり、本体である三分の二は利用できないままただ環境に棄てている。すなわち、一〇〇万キロワットの原子力発電所の場合、原子炉の中での発熱は三〇〇万キロワット分ある。そして、その七%分、二一万キロワットは「崩壊熱」が出しているのである。

運転中の自動車が何らかのトラブルに遭遇した場合、ブレーキを踏む、あるいはエンジンを切れば、車を停車させることができる。しかし、原子炉の場合には、何かトラブルに遭遇しても、七%分のエネルギーは止めることができない。七%分のエネルギーはスピードに換算すると、二六%分に相当する。例えば、時速六〇kmで走っていた車がトラブルに巻き込まれても停車させることはできず、時速一六kmで走り続けなければならない。トラブルが起きたのが街中の雑踏であれ、崖沿いの山道であれ、車は走り続けるしかないのである。

2　事故というもの

a　事故から無縁な機械はない

どんな機械も故障や事故から無縁ではない。機械を動かしているのは人間で、人間は神ではなく、必ず誤りを犯す。人間がどんなに事故が起こらないことを願い、そして対策をとったつもりでも、時に事故は起きる。原子力発電所だって人間が動かす機械であり、事故から無縁でない。そして原子力発電所は膨大な放射性物質を抱えており、それが環境に放出されるようなことになれば、被害が破局的になることは、当然である。それに気づいた時、私は、破局的な事故が起きる前に原子力を廃絶させなければならないと考えた。しかし、私とごく少数の私の仲間を除いた原子力の専門家たちはそうは考えなかった。彼らは、念には念を入れて対策をとれば、破局的な事故を防ぐことができると考えた。ただ、その彼らにしても万一破局的な事故が起きたら困るので、原子力発電所は都会から離して立地させよう、と考えた。

〔図1〕に、日本の原発立地図を示す。発電所は本来、消費地に建てるのが望ましい。そうすれば、送電線を敷く必要がなくなるし、送電ロスもなくなる。実際、東京電力の火力発電所はほとんどすべてが東京湾にある。しかし、東京電力の原子力発電所は福島第一、福島第二、柏崎刈羽（かしわざきかりわ）の三つであるが、それらすべては、東京電力の給電範囲ではなく、東北電力の給電範囲に追いやられた。二〇一一年三月一一日に福島第一原発で破局事故が起きる前に、東京電力はもう一カ所原子力発電所を建てる計画を持っていた。その場所は、二〇〇五年一二月に東北電力が一基の原発を設置した青森県下北半島の東通村であった。東京電力がそ

〔図1〕日本の原発立地図

発電所名の前に付けた数字は、それぞれの発電所の初号機が運転開始した順番を示す。
大間、上関の両原発と六ヶ所再処理工場はまだ正式運転に入っていない。

こに原発を建て、東北地方を縦断する送電線を作って東京に電力を送ろうとしていたのである。
〔図1〕を見ればわかるように、日本の原発はすべて東京、大阪、名古屋の大電力消費地を避けて建てられてきた。電気の恩恵を受けるのは都会である。その都会が、原発の危険は受け入れることができないので、過疎地に押し付けたのである。人間のすべての行為は、一方で利益があり、一方では危険を伴う。大きな危険を背負うことを承知のうえで、選択される行為はある。例えば、戦場ジャーナリストなどがそうである。自分の命が奪われる危険を承知のうえで、事実を報道するという利益を求めて彼らは戦場に出かける。しかし、自分は電気が欲しいが、危険は引き受けられないので、危険は他者に押し付けるという行為は、それが著しく不公平で不公正であるがゆえに、ただそれだけの理由でやってはならない。電気が足りるとか足りないという以前の問題である。

b 原子力推進派の事故想定

国や電力会社は、原子力発電所は決して大事故を起こさないし、住民の避難訓練なども必要ないとずっと言い続けていた。一九五四年、原子力委員会は「原子炉立地審査指針及びその適用に関する判断のめやすについて」[1]を定め、原子炉を立地する場合は、次の三条件が満たされていなければならないと第一条第一項から第三項に定めた。

一 原子炉の周辺は、原子炉からある距離の範囲内は非居住区域であること。（中略）
二 原子炉からある距離の範囲内であって、非居住区域の外側の地帯は、低人口地帯であること。（中略）
三 原子炉敷地は、人口密集地帯からある距離だけ離れていること。（後略）

そして、この三条件を満たしているかどうかを判断するため、「重大事故」「仮想事故」と呼ばれる二種類の事故について災害の評価をするように定めた。重大事故とは「技術的見地からみて、最悪の場合には起るかもしれないと考えられる重大な事故」であり、仮想事故とは「重大事故を超えるような技術的見地からは起るとは考えられない事故」と定義された。こうした定義を読めば、多くの読者は日本の原子力行政は念には念を入れ、最悪の場合を考えて事故に向き合ってきたと思うであろう。現に、日本の国はそのように国民に説明し、原発の破局的事故は決して起こらないと言ってきた。しかし、事実としてフクシマ事故は起きた。

いったい、原子力推進派の考え方のどこが間違っていたのか？　それは彼らの言う「技術的見地」である。彼らがどのような「重大事故」「仮想事故」を想定するかは、「発電用軽水型原子炉施設の安全評価に関する審査指針」に定められている。それによると「技術的見地からみて、最悪の場合には起るかもしれないと考えられる」重大事故でも、格納容器は絶対に壊れない。それどころか、「重大事故を超えるような技術的見地からは起るとは考えられない事故」と定義された仮想事故の場合でも、格納容器は絶対に壊れないのであった。格納容器とは事故時に放射能の漏洩を防ぐ最後の砦として設計された容器であるが、それが壊れないのであれば、破局的事故などもともと起こらない。

何故格納容器が壊れるような事故を考えないのかと問うと、彼らはそれは想定することが不適当な事故、「想定不適当事故」だからだと答えてきた。そして、従来のほとんどの原発裁判でも、そうした判断を専門技術的裁量として認め、国の判断に著しい誤りがない限り、原発を容認するとの立場をとってきた。でも、フクシマ事故は事実として国の判断が誤っていたことを示した。「原発安全神話」はまさに神話であった。

3　福島原発事故

ａ　事故経過

二〇一一年三月一一日、東北地方太平洋沖地震が起きた。マグニチュード9のその地震が発生したエネルギーは広島原爆三万発分に相当する。もちろん、そんな巨大な地震が発生することを誰かが望んだ訳ではない。それでも、日本は世界の地震の一割から二割が起きるという地震大国であり、誰も望まなくても時に地震はやってくる。

そして、その地震は巨大な津波も引き起こした。それにより東北地方太平洋沿岸にあった多数の町や村が壊滅した。その上、福島第一原子力発電所の1号機から4号機までが全所停電（ブラックアウト）に追い込まれた。原子力発電所が破局的事故を引き起こす最大の要因はブラックアウトであると原子力安全の専門家たちが一致して予想していた。原子力発電所もそれを運転するためには電気が必要である。冷却水を流すためのポンプ、流量をコントロールするバルブ、発電所の状況を知るための各種の計測器、全てが電気を必要とする。原子力発電所が普通に運転している時には、発電所自身が電気を供給できる。発電所が運転を停止している時は外部の送電線から電気を引き込んでそれを使う。万一、外部からの電気が得られないなら、敷地の中に準備してある非常用発電機を動かして電気を供給する。それも非常用発電機は複数台準備しておくので、仮にどれか一台が駄目でも健全なものを動かして電気を供給すればよい。仮に複数ある非常用発電機全部が動かなくても、三〇分以内には修理して動かすこともできるだろう。原子力を推進してきた人たちはそう考えていた。

しかし、二〇一一年三月一一日、まずは地震発生と同時に原子炉の運転は停止した。つまり自分で発電はできなくなった。同時に地震によって送電線の鉄塔が倒壊したため外部からの電気も得られなくなった。そこで、予定通り非常用発電機が運転を始めて、電気を供給した。ところが、続いて襲ってきた津波によって非常用発電機が水没し、動かなくなってしまった。福島第一原子力発電所にあった六基の原子炉のうち、1号機、2号機、3号機が当日運転中であった。運転中の原子炉が、ウランの核分裂反応を停止させることができたとしても、そこには崩壊熱が残ることはすでに記した。一切の電源を奪われていた1号機から3号機は崩壊熱を除去することができないまま炉心が熔け落ちてしまった。

〔図2〕に、原子炉建屋の断面図を示す。原子炉圧力容器の中心に炉心があるが、炉心には二酸化ウランを焼結成型したペレットがジルコニウム合金の被覆管に詰められて並べられている。ペレットはセラミック、簡単に言えば瀬戸物である。家庭で使っている茶わんや皿を熱をかけて熔かすことができるだろうか？ 瀬戸物はストーブや焚火に投げ込んでも熔けはしない。ガスコンロの上に置いたって熔けない。ウランを焼き固めたペレットは二八〇〇℃を超えないと熔けない。それも、茶碗一つ、皿一枚ではなく、炉心には数十トンのペレットが詰まっており、それがすべて熔けてしまった。熔けた炉心は、原子炉圧力容器の底に落ちるが、原子炉圧力容器は鋼鉄製の圧力釜である。鋼鉄は一四〇〇℃か一五〇〇℃になれば熔けてしまう。そこに二八〇〇℃を超えた数十トンもの物体が落ちてくれば、圧力容器の底は抜けてしまう。その下は、原子炉格納容器のコンクリート製の床である。コンクリートも二八〇〇℃を超えた溶融物が落ちてくれば、破壊されていく。どこまで破壊されたかは事故から八年半経った今も不明のままである。

また、ペレットを入れていた被覆管のジルコニウムは八五〇℃から九〇〇℃を超えると、水と反応し、発熱するとともに、水素を発生させる。水素は爆発性の気体であるが、原子力推進派の事故想定によれば、仮に水素が

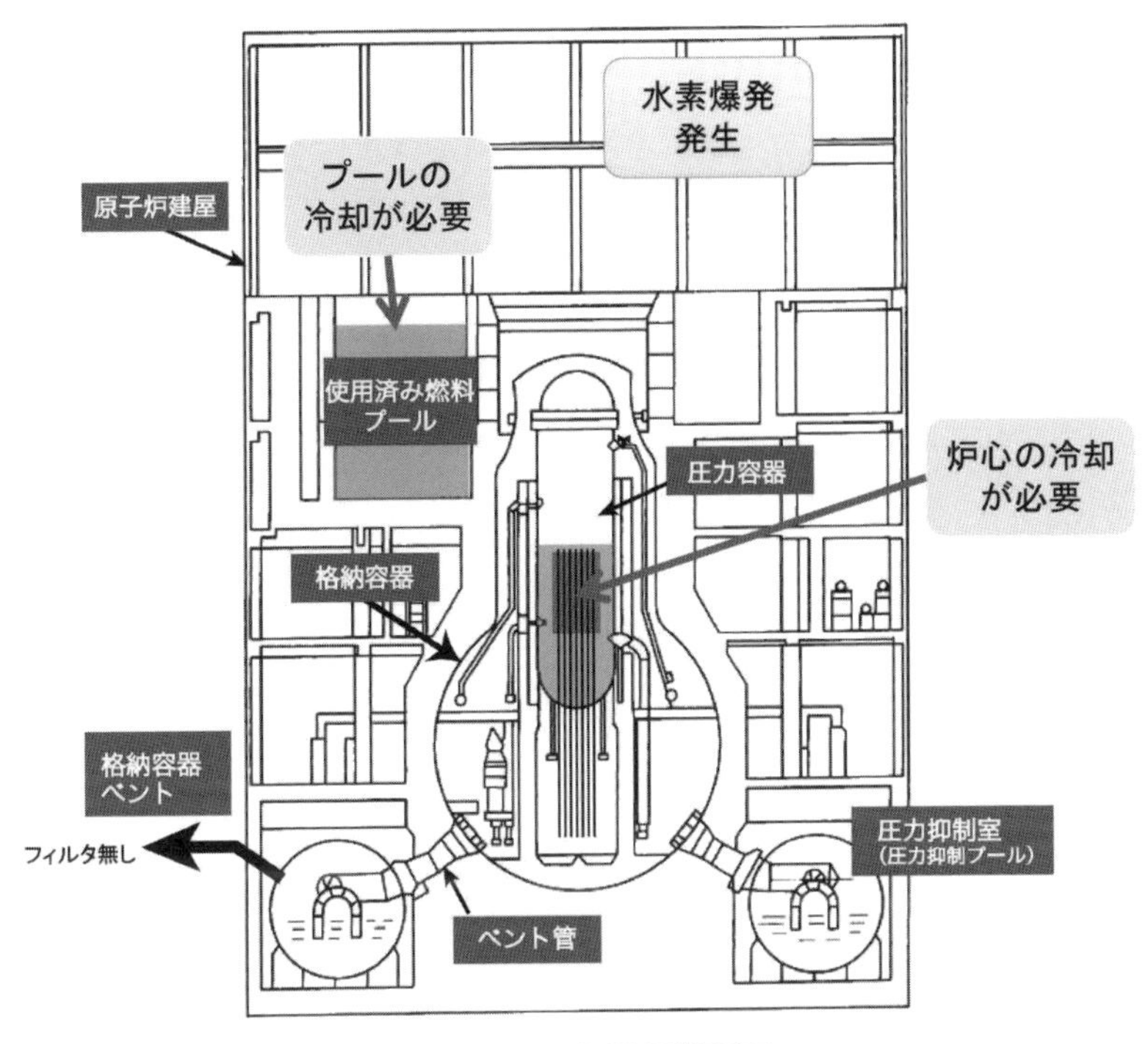

〔図2〕原子炉建屋断面図

後藤政志さん作成の図に加筆して作成

発生しても、それは原子炉格納容器内に閉じ込められる。原子炉格納容器は放射能を閉じ込めるための最後の防壁として設計された容器で、完全な密閉空間のはずであった。格納容器内は、原子炉運転中は窒素が充填されており、酸素は存在しておらず、水素が爆発することはないとされていた。しかし、事実として水素爆発は起きた。つまり、原子炉格納容器はすでに閉じ込め機能を失っており、水素が格納容器から漏出し、原子炉建屋に充満したのであった。同時に、熔け落ちた炉心に含まれていたガス状、あるいは揮発性の放射性物質も格納容器から原子炉建屋に漏出し、さらに水素爆発によって破壊された原子炉建屋から環境に放出された。

b　敷地内での苦闘

福島第一原子力発電所の敷地内での苦闘は事故後八年半ずっと続いてきた。しかし、八年半経った今も、大量の放射性物質を抱えたまま熔け落ちた炉心が、どこにどんな状態で存在しているか分からない。熔け落ちた炉心は周囲の構造物、原子炉圧力容器、格納容器床コンクリートなどを熔かして混然一体となって飛散している。それをデブリと呼んでいる。デブリをこれ以上、熔かせてしまえば、また大量の放射性物質が放出されてしまうため、国と東京電力は、もともと炉心が存在していた場所にひたすら水を注入してきた。一方、本来は放射線管理区域として外部とは遮断されていなければならない原子炉建屋は、地震によって地下部分が破壊されていて、地下水がどんどん建屋内に流入してきている。デブリを冷却しようと注入した水も、流れ込んでくる地下水も放射能汚染水となってしまい、その量は今や一一三万トンを超えている。[2] 東京電力は次々と大型のタンクを増設してきたが、現時点でのタンクの貯留能力は一二一万トンである。敷地には限界があり、タンクもいつまでも増設できるわけではない。放射能汚染水タンクに貯め続けるというやり方は遠くない将来破綻する。

そして最大の問題は、デブリの始末である。国と東京電力が作成した当初のロードマップ（行程表）によると、〔図3〕[3] のような作業でデブリを取り出し、「燃料デブリ収納缶」に入れ、福島県外に搬出するとされている。そして、それを事故の収束と呼び、それまでにかかる時間の長さが三〇年から四〇年とされていた。もちろん容器に封入したところで、放射能が消える訳ではなく、それが事故の収束などではない。その上、デブリを取り出すことは実はできないのである。

この作業の基本は、原子炉圧力容器の上蓋を開け、そこから上方向にデブリを取り出そうとするものである。その作業を実現するためには強烈な放射線を遮蔽するため、格納容器内部全体に水を張り、水によって放射線を

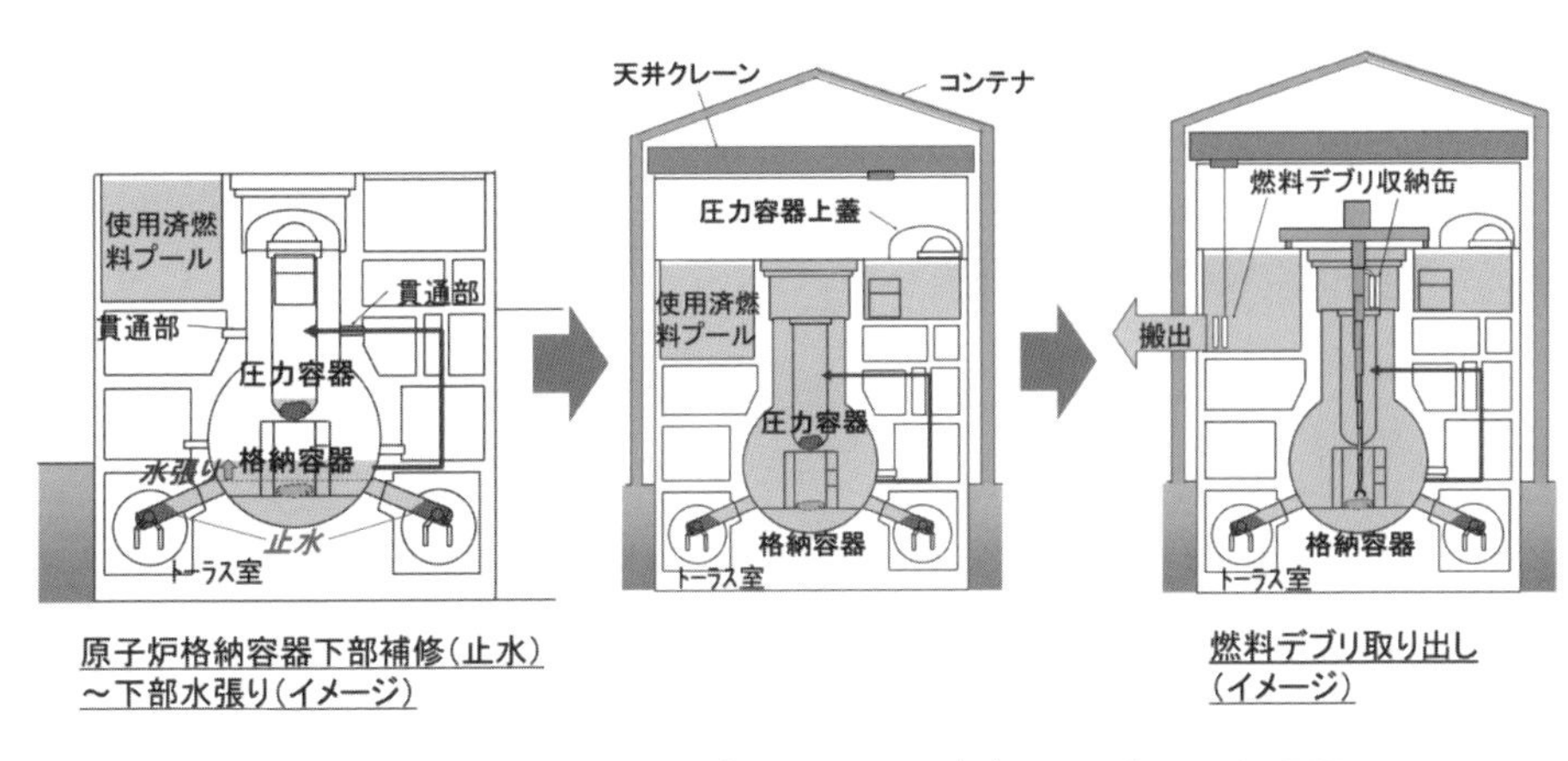

〔図３〕当初のロードマップに描かれたデブリ取り出しの行程図

遮蔽する必要がある。しかし、事故から八年半経った今でも、いくら水を入れても格納容器内には水は溜まらない。つまり、本来は密閉機能を持ったはずの格納容器に穴が開いているのである。でも、その穴がどこにどれだけの規模で開いているかすら分からない。もし見つけ出すことができたとしても、次には修理しなければいけない。いつの時点かでそれができたとして、水が少し溜まるようになったとしても、また別の場所で破損があって水が溜まらなくなるであろう。破損個所をまた見つけ出し、補修しなければならない。その繰り返しの先に格納容器内部全体に水を張れることができるようになったとしても、今度はそれ自体が危機を抱える。なぜなら、格納容器はもともと水を入れることを想定して設計されていない。

万一、それを乗り越えられたとしても、圧力容器上部から格納容器床までは三〇ｍ～四〇ｍもの距離がある。上部からのぞいて、その下にあるデブリを取り出す経験などないし、道具もない。二〇一九年二月一三日に、２号機の格納容器下に遠隔操作型の装置を挿入してデブリに接触する調査が行われた。小石状でつまみ上げることができるものもあったが、堅く固着してしまっているものもあることが分かった。一体どうすれば、そのようなデブリを取り出すことができるのか、極度に困難な壁がある。

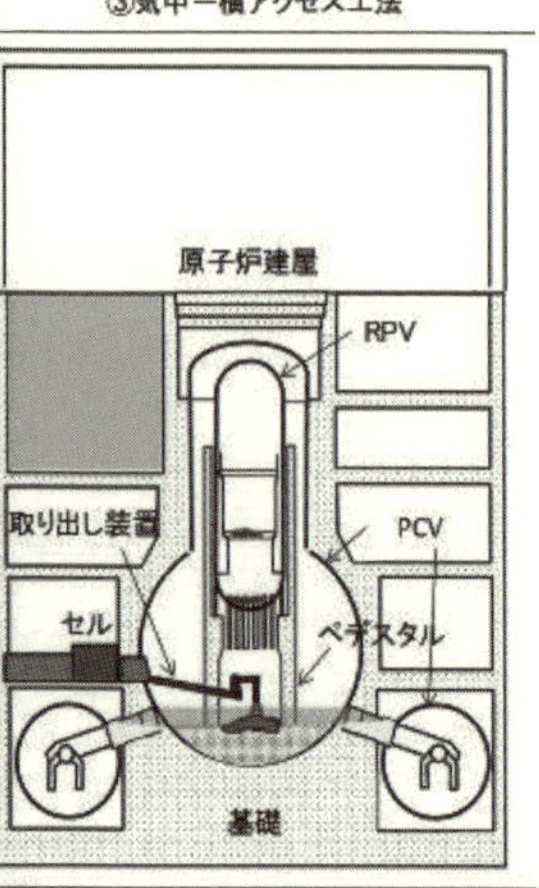

横からアクセスして、気中に露出している燃料
リには水を掛けながら切削し、PCV横から取り
を行う工法

〔図4〕２号機格納容器内調査で測定された線量率
（出典：朝日新聞デジタルの図を基に作成）

その上、この作業ができない決定的な理由がある。円筒形の原子炉圧力容器はペデスタルと呼ばれる円筒形のコンクリート製台座の上に乗せてある。国や東京電力のロードマップでは、熔け落ちたデブリはこのペデスタル内部の床に饅頭のように堆積していると想定されていた。しかし、そんなことは絶対にない。ペデスタルには定期検査時に作業員が圧力容器下の制御棒駆動機構などの点検・整備をするために、通路として開口部がある。過酷事故の研究者たちは従来から、もし炉心が熔け落ちるような事故が起きれば、熔け落ちた炉心はこの開口部からペデスタルの外に出、格納容器の壁を攻撃し、破壊することになると考えてきた。そして、二〇一七年二月に、2号機の格納容器内調査をした時に、そのことが確認された。

　格納容器の外側から作業員が、胃カメラのようなカメラを格納容器内部に挿入したところ、〔図4〕に示すように、一番高い線量が測定されたのは格納容器壁とペデスタルの壁の中間であった。その場所に比べれば、ペデスタル内部の線量は一桁以上低かった。つまり熔け落ちたデブリはすでにペデスタル内部にはなく、開

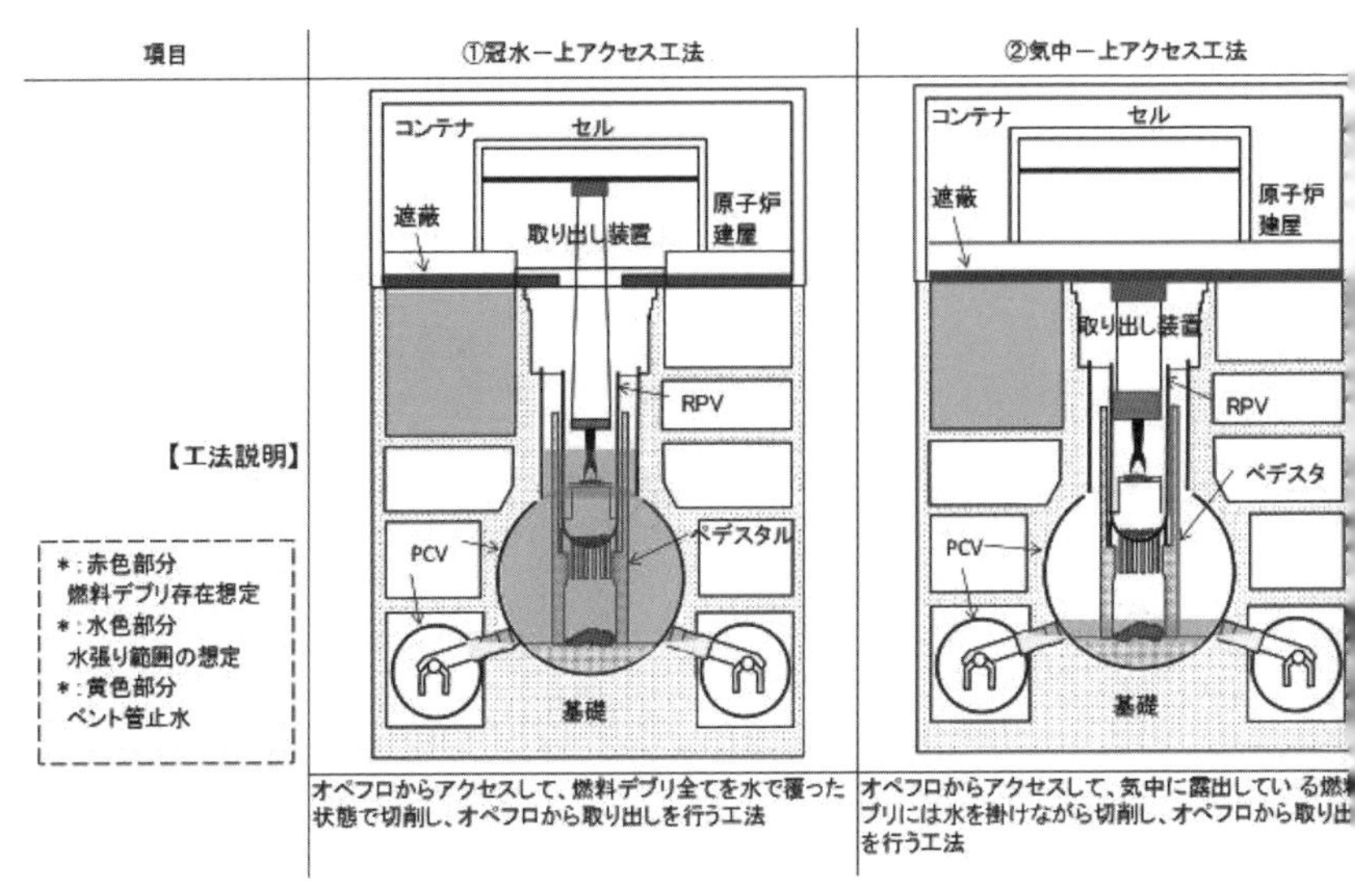

〔図5〕ロードマップ改定後のデブリ取り出し方法

口部からペデスタルの外部に広がってしまっていたのである。こうなってしまえば、国と東京電力のロードマップにあるように、圧力容器の上部から下をのぞくことができたとしても、デブリは見えないし、取り出すこともできない。

結局、国と東電は、当初のロードマップに記したデブリ取り出しのやり方を諦めることになり、二〇一七年八月三一日に〔図5〕を示してロードマップを書き換えた。(4)

そして、さらに九月二六日の「中長期ロードマップの改訂案について」(5)において「気中・横工法に軸足」と書かれることになった。つまり、格納容器内に水を溜めることを諦めた。その上、デブリがペデスタル内部にはないことをも認め、上部からの取り出しをあきらめたのである。しかし、もともと格納容器内部に水を張ろうとしたのは、強烈な放射線を遮蔽しなければ、作業ができないからなのである。水を張らない「気中・横工法」を実行すれば、作業員の被曝が膨大になってしまう。結局、この工法すら実は実現の可能性がない。つまりデブリを取り出すことはできないのである。

一九八六年四月二六日に、旧ソ連チェルノブイリ原子力発電所で破局的事故が起きた。ソ連は、その年の暮れまでに、破壊された原子炉建屋全体を石棺と呼ばれる構造物で覆い、放射能の飛散を防ぐようにした。その石棺は三〇年経ってボロボロになり、二〇一六年一一月に第二石棺と呼ばれるさらに巨大な鋼鉄製の構造物で覆われることになった。第二石棺の寿命は一〇〇年と言われる。つまり、ソ連は、熔け落ちた炉心は一三〇年以上にわたって手を付けることができず、現場で封じ込めるしかないと考えているのである。

福島第一原子力発電所も結局、そうするしかない。しかし、福島の場合、石棺を作る前にやらなければならないことがある。炉心が熔け落ちた1号機、2号機、3号機の原子炉建屋の中にはそれぞれ使用済み燃料プールがあり、1号機に三九二体、2号機に六一五体、3号機には五六六体の使用済み燃料集合体がいまだに沈んだままになっている。[6]まずは、それを原子炉建屋の外に運び出す必要があるが、原子炉建屋内は放射能で強く汚染されていて、プールから使用済み燃料を運び出す作業もまた難航している。

仮に、使用済み燃料を原子炉建屋の外に運び出すことができたとし、いざ石棺を作るということになっても、その作業は困難を極める。チェルノブイリ原発の場合は、事故後の必死の作業によって原子炉建屋地下の健全性は何とか守られた。その為、石棺は原子炉建屋の地上部分を覆えばよかった。しかし、福島の場合は、原子炉建屋の地上部分が壊れているだけでなく、地下でも壊れていて、地下水が建屋内に大量に流入してきている。福島の場合には、石棺を作るにしても、1号機、2号機、3号機の三基に対して地上にも地下にも石棺を作らなければならない。チェルノブイリの石棺を作るためには六〇万人とも八〇万人とも言われる軍人、退役軍人、労働者たちが動員されたと言われる。福島の事故収束がいかに大変なものか、気が遠くなる。

ｃ　環境の汚染

ウランが核分裂すると核分裂生成物、いわゆる死の灰ができる。それはおよそ二百種類に及ぶ放射性物質の集合体である。放出する放射線の種類もそれぞれであるし、揮発性が高いもの低いもの、水に溶けにくいもの、人体に取り込んだ場合の挙動など千差万別である。フクシマ事故で環境に放出された放射性物質のうち、人間に対して一番危害を加えるだろうと、私が考えている放射性物質はセシウム１３７である。日本政府が国際原子力機関に提出した報告書によれば、この事故で大気中に放出されたセシウム１３７は一五京ベクレルとされている。広島原爆がキノコ雲と一緒に放出したセシウム１３７は〇・〇八九京ベクレルと言われており、それに比べれば一六八発分に相当する。広島原爆一発分の死の灰でも猛烈に恐ろしいものだが、その一六八発分を大気中に放出してしまったと日本政府が言っている。

大気中に放出された放射性物質は、風に乗って流れる。北半球温帯にある日本は、上空高い所には偏西風と呼ばれる猛烈に強い風が吹いている。そのため、福島原発から大気中に放出された放射性物質の大半は、偏西風に乗って太平洋に流された。ただ、地上では、西風だけが吹いているわけではない。そのため、東北地方、関東地方を中心にして日本の国土にも、放射性物質が降り注いだ。日本の国土がどのように汚染したかについては、文部科学省が汚染マップを公表している。そのうち、東日本についてのセシウム１３４とセシウム１３７の合計の汚染地図を〔図６　次頁〕に示す。[7]

私の知人、故・沢野伸浩さん（金沢星稜女子短期大学部）の評価によると、東北地方、関東地方を中心に日本の国土に降下したセシウム１３７は二・四京ベクレルとされた。仮に日本政府が大気中に放出してしまったと言っている一五京ベクレルという値が正しいとすれば、そのうち一六％だけが日本の国土に降り積もり、八四％は太

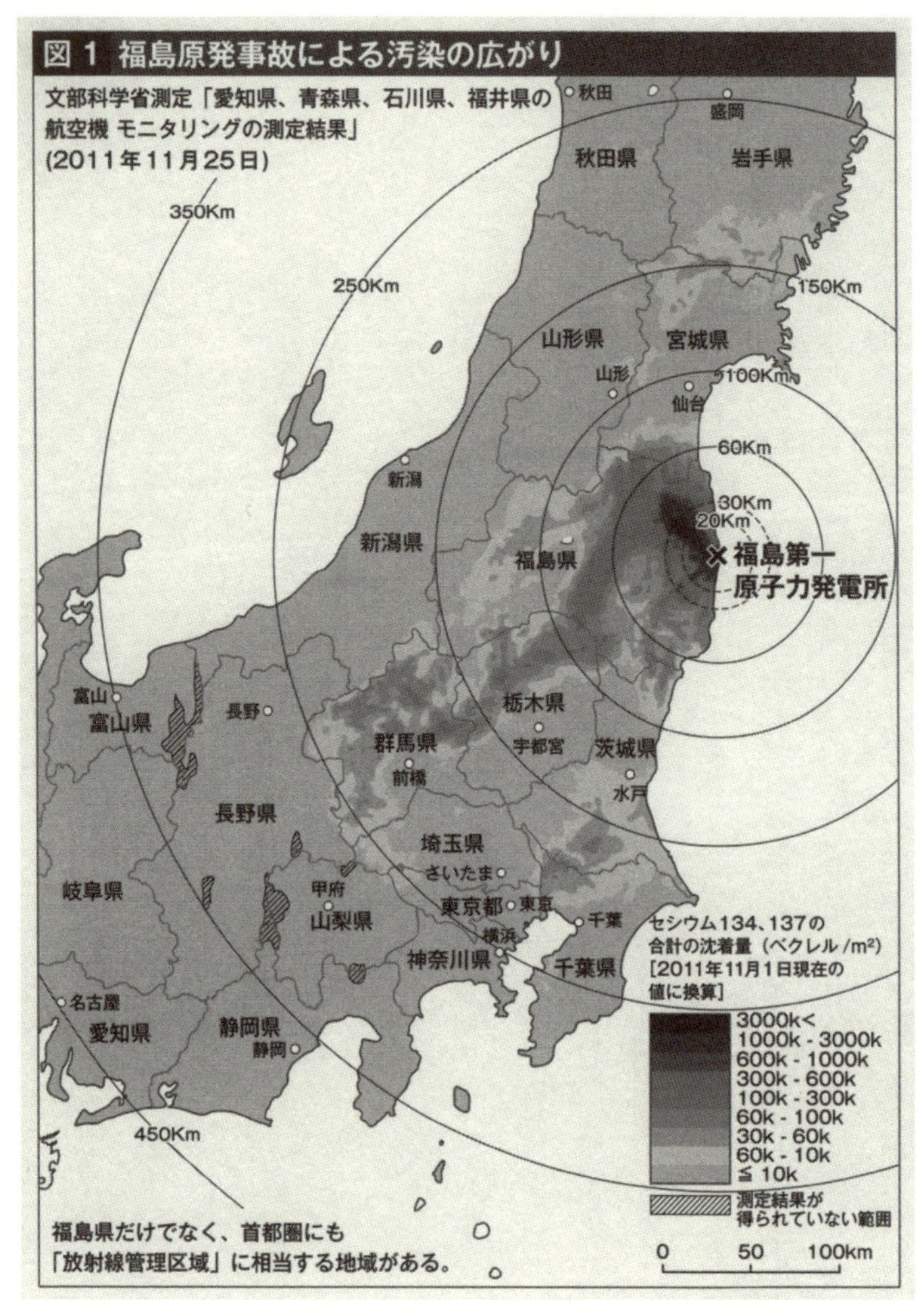

〔図6〕福島原発事故による東日本のセシウム汚染図

平洋に向かって流れたことになる。日本の法令によれば、放射線や放射性物質の取り扱いは、「放射線管理区域」で行わなければならないと定められていた。一般の人々はその場に立ち入ることができない。かつての私がそうであったように、それを仕事にして給料をもらう大人「放射線業務従事者」だけが立ち入りを許された場である。その「放射線業務従事者」ですら管理区域では飲み物を飲むことも、食べ物を食べることも禁じられる。もちろん寝てはいけないし、管理区域の中にはトイレもない。そして、一平方メートルあたり四万ベクレルを超えるものはどんなものでも「放射線管理区域」の外に持ち出してはならないと法令によって決められていた。しかし、およそ一万四〇〇〇平方キロメートルの地域が、一平方メートル当たり四万ベクレルを超えてセシウムで汚染された。そのうち、約一一〇〇平方キロメートルの地域は一平方メートル当たり六〇万ベクレルを超えて汚染された。

日本政府は、事故当日「原子力緊急事態宣言」を発令し、はじめ福島第一原発から三㎞、つぎに一〇㎞と距離を拡げながら住民に避難指示を出した。指示を受けた住民は、飼っていた犬や猫を家に置いたまま、酪農家、畜産家は、飼っていた馬も牛も畜舎に残したまま、手荷物だけをもって迎えのバスに乗った。そして帰れなくなった。多くの牛や馬は囲われたまま死んでいった。死ななかった牛や馬については、放射能に汚染されたことを理由に、政府は殺戮せよとの指示を出した。二〇㎞範囲の住民は、バスの手当てもできないので、自宅に閉じこもるように指示を受けたが、強烈な放射能の汚染は、福島第一原発から北西方向に五〇㎞も離れた場所にまで及んだ。そこには日本一美しい山村として自他ともに認めた飯舘村があった。事故からひと月以上たって、飯舘村は極度に汚染されているとして政府が避難指示を出し、飯舘村は全村離村になってしまった。こうして一〇万人を超える人たちが生活を根こそぎ破壊され流浪化することになった。

人間の幸せとはいったいどんなことを言うのだろう。誇りを持って従事していた仕事ということもあるだろう。慣れ親しんだ地域、家での生活もあるだろう。そして何よりも、心を許した人たちとの日々の生活が今日も、明日も、明後日も、穏やかに続いて行くということが、多くの人にとっての幸せというものであろう。しかし、それがある日突然断ち切られた。当初は体育館などの避難所の床に寝、しばらくして二人で四畳半という割り当ての仮設住宅に移動し、さらに災害復興住宅、みなし仮設住宅などに移動させられた。その中で、地域のつながりもバラバラにされ、家族のつながりも破壊されていった。余りの苦難に命を落とす人もいたし、自ら死を選ぶ人もいまだに後を絶たない。

極度に汚染され、強制的に住民が避難させられた地域の外側にも、本来なら「放射線管理区域」に指定して、人々の立ち入りを禁じなければならない汚染地域が広大に生じた。たとえば、東に阿武隈高地、西に奥羽山脈にはさまれた福島県中通りは、気候が穏やかで住みやすい。そのため、福島県の大きな街の多くがこの地域にあった。しかし、中通り全体が一平方メートル当たり六万ベクレルから六〇万ベクレルの汚染を受けた。しかし、あまりに広大な地域が汚染を受けたことを知った政府は、原子力緊急事態宣言下であることを理由に、本来の法令を反故にし、その地域に赤ん坊を含め普通の人々を棄ててしまった。被曝は危険であり、必ず健康に影響を受ける。棄てられた住民はもちろん不安であろう。しかし、国によって棄てられた状況下で、汚染から逃れようとすれば、仕事を棄てなければならない。それを覚悟で家族で逃げた人もいる。父親は汚染地に残り、母親と子どもを逃がした家族もいる。でも、そうすれば、生活や家庭が破壊されてしまう。汚染地に残れば身体が傷つき、逃げれば心が潰れてしまう。何百万人もの人々が、苦渋の選択に投げ込まれ、不安の中で生活せざるを得なくなった。

d　被曝安全神話と原子力緊急事態宣言

放射線というものがあることを発見したのはドイツの物理学者・レントゲンであった。一八九五年のことで、彼はその功績で第一回のノーベル物理学賞を貰った。当時、たくさんの学者が放射線の正体を知るための研究に携わった。しかし、いかんせん正体を知らないまま研究を続けたため、大量の被曝をし、たくさんの人々が放射線障害を受け、中には死んでいく人もいた。しかし、すぐに目に見える障害が出ない程度の被曝の場合、いったいどんな被害が出るかを知るためには長い年月が必要であった。広島・長崎の原爆被爆者に対する数十年にわたる健康調査、原子力関連労働者に対する健康調査など、科学的なデータが蓄積してくるにつれ、被曝は微量であっても、ガン、白血病、遺伝障害、最近では心臓疾患などが引き起こされることが疫学的にも明らかになって

	被曝の基準値 １年当り	ガン死の危険度	
		J.W.Gofman の評価	国際放射線防護委員会の評価
一般の人々	１ミリシーベルト	2500人に１人	２万人に１人
放射線業務従事者	２０ミリシーベルト	125人に１人	1000人に１人
帰還指示を受けた０歳児	２０ミリシーベルト	31人に１人	248人に１人

〔表１〕被曝量とガン死の危険度

きた。この世界のすべての物質は、命を支えるＤＮＡも含め、全て原子が結合しあって分子となり、成り立っている。原子がお互いに手を取り合って結合する時の分子結合のエネルギーはエレクトロンボルトという単位で測ると、数エレクトロンボルトである。それに対して、放射線が持っているエネルギーは数万～数百万エレクトロンボルトであり、圧倒的に高い。被曝をすれば、命を維持している分子結合が破壊されて行くことは当然である。その為、被曝はどんなに微量でも危険を伴うことが、長い放射線被曝研究の到達点になっている。国や電力会社など原子力を進めてきた人たちが依拠している国際放射線防護委員会すら、二〇〇七年の勧告で、「約一〇〇ミリシーベルト以下の線量においては不確実性が伴うものの、がんの場合、疫学研究および実験的研究が放射線リスクの証拠を提供している。（中略）約一〇〇ミリシーベルトを下回る低線量域でのがんまたは遺伝的影響の発生率は、関係する臓器および組織の被曝量に比例して増加すると仮定するのが科学的に妥当である」と述べている。そのため、日本を含め、世界各国は法令で放射線被曝に制限を付けている。日本の場合、一般の人々の被曝の限度は一年間に一ミリシーベルトである。それも安全だからと決められたわけではない。その程度であれば、我慢すべきだという社会的な基準である。そして、放射線や放射能を取り扱って給料を得る「放射線業務従事者」には、給料の代償として一年間に二〇ミリシーベルトまで我慢するように定めていた。〔表1〕に、被曝量とガン死の危険度を示す。一ミリシーベルトの被曝とは、私が信用している故・ゴフマンさんの評価によれば、二五〇〇人に一人がいずれ癌で殺される被曝量である。[8] 原子力を進めている人たちが使っている国際放射線防護委員会の評価を使っても二万人に一人は癌で死ぬことになる。

これまでに、福島県では従来の医学常識では説明できない多数の小児甲状腺がんが発見されている。原子力を推進してきた人々は、多発は認めながらも、それはスクリーニング効果だとして、被曝との因果関係を否定している。スクリーニング効果とは、厳密な調査をしたから、昔なら見つけなかった症例も見つけているというものである。しかし言葉を逆にすれば、これまでは厳密な調査をしてこなかったということである。科学は分かったことは分かったと言い、分からないことは分からないと言うものである。これまで厳密な調査をしたことがないというなら、これから厳密に調査するというのが科学的な態度である。放射線の持つエネルギーが生命を支える分子結合のエネルギーに比べてはるかに高いことを思えば、あらゆる病気が引き起こされるであろう。今は科学的に因果関係を証明できない病気も、今後、データが蓄積されるにしたがって、次第に明らかになる。

日本の原子力は「国策民営」と言われてきた。国が、原発をやれば儲けられることを保証するために、原子力損害賠償法や電気事業法など様々な法令を作り、電力会社を原子力に引きずり込んだ。そうなると、三菱、日立、東芝などの巨大原子力産業が金もうけを求めて群がった。その周辺にはゼネコン、中小零細企業も集まって来たし、そこで働く労働者、マスコミ、学界、裁判所など、全ての組織が一体となって巨大な組織を作った。その組織は「原子力ムラ」と呼ばれた。膨大な国費、宣伝費が使われ、マスコミも、教育の現場もバラ色の原子力の夢と「原発安全神話」をばらまいた。しかし、フクシマ事故は起きた。膨大な被害者が生まれたが、誰が加害者なのかはあいまいにされたまま、「原子力ムラ」の誰一人として責任を取らない。彼らは、「原発安全神話」が崩壊してしまった後、今度は被曝などたいしたことない、一〇〇ミリシーベルト以下なら安全だと「被曝安全神話」を作り出した。そして、法令を守るなら、普通の人々の立ち入りを禁じなければならない「放射線管理区域」に人々を棄てた。さらに、二〇一七年三月末には、一度は避難の指示を出した住民に対して、一年間に二〇ミリシーベルトを超えない地域には帰還せよと指示を出した。この被曝量は、給料の代償として「放射線業務従事者」に対して許した被曝量である。それを被曝から何の利益も受けない人々、それも被曝感受性の高い赤ん坊や子どもたちにも許してしまうというのである。本来の法令が定めていた被曝限度を超えて被曝を強制されるなら誰でも不安であろう。それでも「原子力ムラ」は膨大な国の復興費用を使い、マスコミと教育を使って、被曝を心配することは復興の邪魔だと言い出した。余りに理不尽な指示であるが、その時点で、政府はそれまでは曲がりなりにも行っていた住宅の支援を取りやめるとした。住宅の支援を受けられなくなれば、多くの人たちは汚染地に戻らざるを得なくなる。苦悩の中で死を選ぶ人たちもまた生じた。私は「原子力ムラ」という呼称を棄て、「原子力マフィア」と呼ぶようになった。

今、「原子力マフィア」は、フクシマ事故を忘れさせる戦術に出、人々はどんどんフクシマ事故を忘れさせられようとしている。事故から八年半がたった。しかし、事故当日に発令された「原子力緊急事態宣言」は今でも解除できないまま続いているのである。そのことを知っている日本人もほとんどいなくなった。すでに記したように、フクシマ事故で放出され環境を汚染している放射能のうち、人間に一番危害を加えると私が考えている放射能はセシウム１３７である。その放射能の半減期は三〇年で、一〇〇年経ってようやく一〇分の一に減る。しかし、強制的に避難させられた地域の大部分は、一〇〇年経っても、放射線管理区域の基準を超えて汚染され続ける。つまり日本というこの国は一〇〇年経って、今生きている人が全員死んだ後もまだ「原子力緊急事態宣言」を解除できない。

4 原発再稼働

a 再稼働状況

フクシマ事故は、巨大な災厄となった。経済産業省が二〇一一年に試算した時には、廃炉、賠償にかかる費用は六兆円とされていた。それが二〇一三年には一一兆円になり、二〇一六年には二一兆五〇〇〇億円になると変わった。しかし、民間シンクタンク「日本経済研究センター」は二〇一七年に五〇兆円から七〇兆円になると発表した。さらに日本経済研究センターは、二〇一九年三月になって総費用が八一兆円に達するとの試算をまとめた。[9] そして、これらの試算のすべては、日本の本来の法令を反故にし、人々を「放射線管理区域」に棄て、被曝を強制するとの前提でなされている。法治国家として法令を守り、人々に真に賠償するのであれば、賠償費用は軽く一〇〇兆円を超えるであろう。その費用は本来なら東京電力が負担すべきものであろう。しかし、国は様々な助け舟を出し、

原発の状況(2019年8月1日現在)

状況		基数	原発名
運転終了	2011/3/11以前	3	東海(53.0)、浜岡1(43.4), 浜岡2(40.7)
	以後	21	敦賀1(49.4)、美浜1(48.7)、福島第一1(48.4), 美浜2(47.0)、島根1(45.3)、福島第一2(45.0)、玄海1(43.8)、福島第一3(43.3)、伊方1(41.8)、福島第一5(41.3)、福島第一4(40.8)、大飯1(40.3)、福島第一6(39.8)、大飯2(39.7)、玄海2(38.3)、伊方2(37.4)、福島第二1(37.3)、福島第二2(35.5)、女川1(35.2)、福島第二3(34.1)、福島第二4(31.9)
新規制基準適合	再稼働開始	9	川内1(35.1)、高浜3(34.5)、高浜4(34.2)、川内2(33.7)、大飯3(27.6)、大飯4(26.5)、玄海3(25.4)、伊方3(24.6)、玄海4(22.0)
	再稼働準備	6	高浜1(44.7)、高浜2(43.7)、美浜3(42.7)、東海第二(40.7)、柏崎刈羽6(22.7)、柏崎刈羽7(22.1)
新規制基準審査中		10	敦賀2(32.5)、浜岡3(31.9)、島根2(30.5)、泊1(30.1)、泊2(28.3)、浜岡4(25.9)、女川2(24.0)、東通(13.7)、志賀2(13.4)、泊3(9.7)
方針未定		8	柏崎刈羽1(33.9)、柏崎刈羽5(29.3)、柏崎刈羽2(28.8)、志賀1(26.0)、柏崎刈羽3(26.0)、柏崎刈羽4(25.0)、女川3(17.5)、浜岡5(14.5)
審査中(未稼働)		3	島根3(未)、大間(未)、東電東通1(未)
合計		60	

( )内は運転開始後の年数

〔表2〕原発の再稼働状況

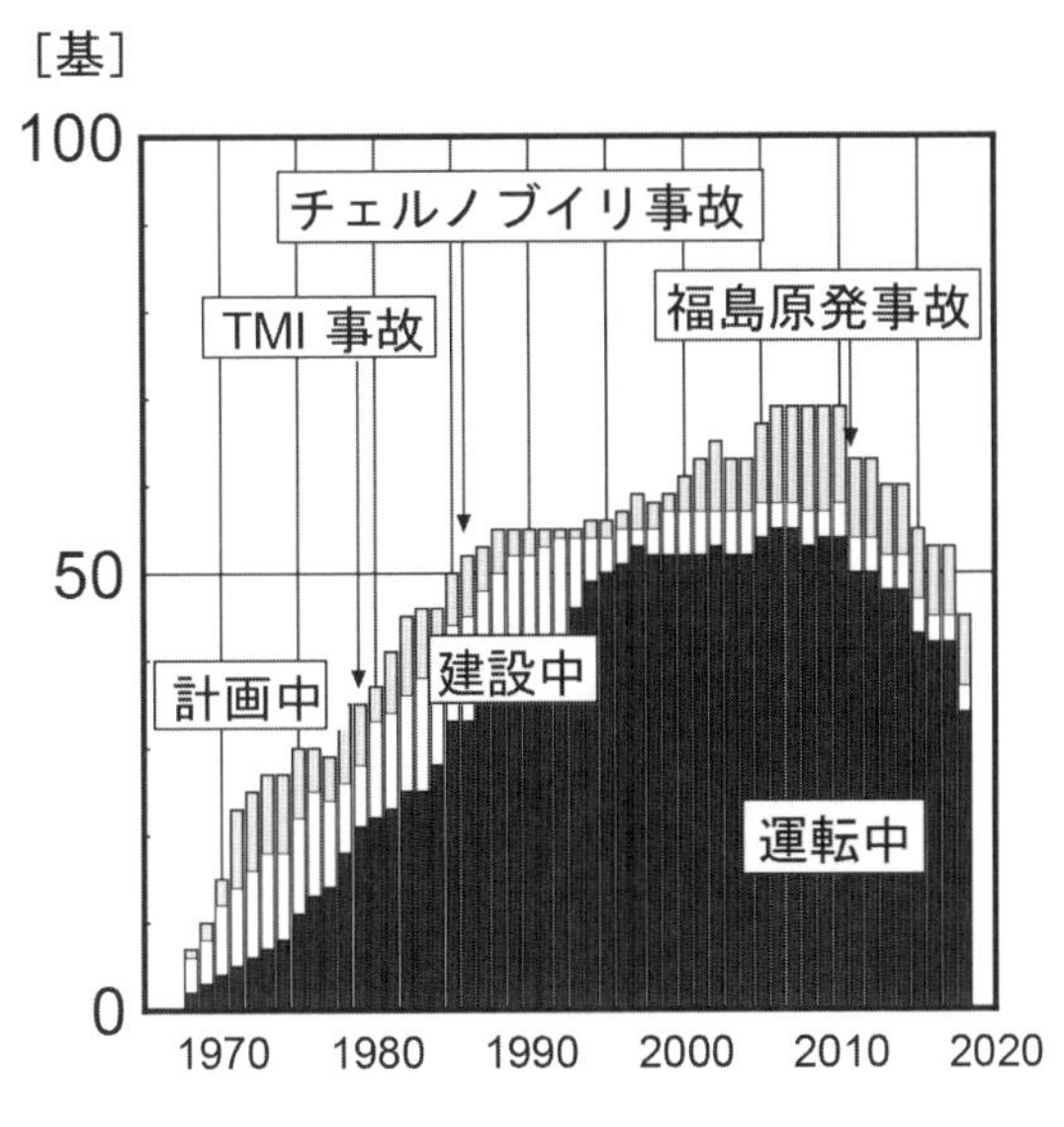

〔図７〕日本の原発計画・建設・運転状況の推移

東京電力はすでに黒字企業になっている。しかし、いずれにせよ、その費用は税金あるいは電気料金として国民が負うのである。一〇〇兆円を一億人で負うとすれば、一人当り一〇〇万円になる。

そんな被害を出しながら、原子力を進めてきた人たちは誰一人として責任を取ろうとしないし、処罰もされていない。フクシマ事故の教訓として私が学んだことは、「原発が事故を起こせば、被害は破局的になる。原発は即刻全廃すべき」というものであった。しかし、原子力を推進してきた人たちが学んだ教訓は「どんなに大きな被害を生じたとしても誰も責任を取らずに済むし、処罰もされない。電力会社も倒産しない」というものであった。彼らにとっては、フクシマ事故から学んだこの教訓によって、原発を進めることにためらいがなくなった。一度は止まった原発は再稼働させる。海外にも輸出して金を儲けようと彼らは動き始めた。

フクシマ事故後、新規制基準が作成されたが、〔表２〕[10]に示すように、すでに一五基の原発が新規制基準に適合していると判断され、うち九基が再稼働を始めている。しかし、一方、フクシマ事故以降に二一基の原発が運転終了に追い込まれている。

〔図７〕に示すように[11]一九六六年に東海原発で始まった日本の原発も今やはっきりと凋落の時代に入っている。

b　新規制基準と避難計画

原発の安全を審査するための従来の基準が誤っていたことはフクシマ事故が事実として示した。事故後に、原発を運転しようとするのであれば、従来の安全基準とは違う基準が必要となる。そうして作られたものが新規制基準である。原子力推進派は、もともとは「新安全基準」を作りたかった。しかし、福島事故は、どんなに厳重な基準を作ったつもりでも事故は人知を超えて起こることを示した。その為、新しい基準は新規制基準となった。それに適合したとしても、事故が起こらないということではなく、事故が起きることは前提として、その緩和策を若干盛り込んだものにすぎない。その為、フクシマ事故後に原子力安全委員会を廃止して作られた原子力規制委員会の初代委員長田中俊一さんは、規制基準に適合したと認めるたびに、「新規制基準に適合したことは認めたが、安全だとは申し上げない」と言ってきた。

それなら、事故が起きた時の避難計画を策定することが住民を守るためにどうしても必要である。しかし、原子力規制委員会は、避難計画は地元自治体に押し付けてしまい、自らの責任を放棄した。原子力規制委員会は、二〇一八年一一月二八日に運転開始後四〇年になる東海第二原発に対して、直前になって新規制基準に合致したとの審査書を出し、二〇年の運転延長許可を出した。東海第二原発は、周辺三〇㎞の範囲に九六万人が住んでいる。それほど大勢の人たちが、事故の時に速やかに避難できることはありえない。でも、原子力規制委員会はそれは自分たちの責任ではないという。呆れた無責任体制で、原発の再稼働が進められようとしている。

しかし、考えてみよう。避難計画とは故郷喪失計画である。もちろん、避難しなければ、急性の放射線障害を受ける恐れがあり、避難は必要だし、そのための綿密な計画だって必要である。しかし、仮に避難計画が完璧に実行でき、急性放射線障害を免れたとしても、フクシマ事故が示したように、避難とは故郷を失うことである。

ある日突然に事故が起こり、人々は、犬も猫も棄て、酪農家・畜産家は馬も牛も棄て、手荷物だけを持って逃げるのである。避難所、仮設住宅という劣悪な生活、さらに災害復興住宅、みなし仮設住宅などを転々とさせられ、生活を根こそぎ破壊されて流浪化するのである。福島第一原子力発電所が立地していた大熊町、双葉町、それに隣接する浪江町ではいまなお帰還困難区域が三七〇平方キロメートルも残っている。故郷そのものが失われてしまうのである。そして、その周辺には法令を反故にして、いわれのない被曝を強制される人たちが大量に生じる。国は、自らは手を汚さないまま、そんな理不尽で過酷な計画を、被害を受ける当の地方の自治体に作らせようとしている。

【注】

（1）原子力委員会「原子炉立地審査指針及びその適用に関する判断のめやすについて」昭和三九年五月二七日

（2）東京電力ホールディングス株式会社「福島第一原子力発電所における高濃度の放射性物質を含むたまり水の貯蔵及び処理の状況について（第三九五報）」平成三一年三月一八日
http://www.tepco.co.jp/decommission/information/newsrelease/watermanagement/pdf/2019/watermanagement_20190318-j.pdf

（3）原子力災害対策本部、政府・東京電力中長期対策会議「東京電力（株）福島第一原子力発電所1〜4号機の廃止措置等に向けた中長期ロードマップ」平成二三年一二月二一日
http://www.tepco.co.jp/decommission/information/committee/roadmap/pdf/2011/111221d.pdf

（4）原子力損害賠償・廃炉等支援機構「東京電力ホールディングス㈱福島第一原子力発電所の廃炉のための技術戦略プラン２０１７」二〇一七年八月三一日
http://www.dd.ndf.go.jp/jp/strategic-plan/book/20170831_SP2017FT.pdf

（5）廃炉・汚染水対策チーム事務局「中長期ロードマップ改訂案について」平成二九年九月二六日

http://www.tepco.co.jp/nu/fukushima-np/roadmap/2017/images2/t170926_03-j.pdf

（6）東京電力福島第一原子力発電所 廃炉対策推進会議事務局会議「東京電力（株）福島第一原子力発電所1〜4号機の廃止措置等に向けた中長期ロードマップの改訂のための検討のたたき台」平成二五年六月一〇日
http://www.tepco.co.jp/decommission/information/committee/roadmap/pdf/2013/t130610_04-j.pdf

（7）小出裕章「福島第一原発事故の現在」現代用語の基礎知識・臨時増刊ニュース解体新書、二〇一七年一〇月二〇日
元の図は「報道発表『文部科学省による、愛知県、青森県、石川県、及び福井県の航空機モニタリングの測定結果について』」二〇一一年一一月二五日、https://radioactivity.nsr.go.jp/ja/contents/5000/4900/24/1910_1125_2.pdf)

（8）J.W.Gofman（1981）Radiation and Human Health, Sierra Club Book,（伊藤昭好他訳『人間と放射線』明石書店、二〇一一年）

（9）朝日新聞デジタル、二〇一九年三月九日

（10）小出裕章「原発再稼働とエネルギー政策」『社会主義』第六八七号（二〇一八年一二月）の表を改訂

（11）日本原子力産業協会の公表値を基に小出が作成

Ⅱ　女川原発の現状と今後

石川　徳春

東北電力女川原子力発電所は、1号機（電気出力五二・四万キロワット）の原子炉設置許可が一九七〇年一二月・運転開始は一九八四年六月（三五歳）、2号機（同八二・五万キロワット）は一九八九年二月許可・一九九五年七月運転開始（二四歳）、3号機（同八二・五万キロワット）は一九九六年四月許可・二〇〇二年一月運転開始（一七歳）。いずれも福島第一原発と同じ沸騰水型（BWR）で、事故時の放射能閉じ込め機能を担う「格納容器（圧力抑制式）」は、1号機が「MARK（マーク）－I型」、2・3号機は「MARK－I改良型」で、いずれも現在では古いタイプに属する。

1　2号機の再稼動申請と1号機の廃炉決定

東北電力は、二〇一三年一二月二七日に女川原発2号機の再稼動（適合性審査）を国に申請した。現在も原子力規制委員会による審査が続いているが、この間の自身の準備不足・説明不足から数度の延期を余儀なくされたものの、本年（二〇一九年）七月中には規制委への説明を終了させ、二〇二〇年度中の運転再開を目指しているが、上記説明終了には失敗（本稿作成中の本年七月現在）。その一方で、運転開始から三〇年以上が経過し出力も小さい女川1号機については、昨年（二〇一八年）一〇月二五日に廃炉が決定された。

さて、女川2号機の再稼動に関して、福島第一原発事故を踏まえ、設備・機器などの「ハード面」での問題点は、事故直後の緊急安全対策なども含め、その多くが「規制基準に適合」するよう改善されていると思われる。また、規制委での議論がどんなに白熱（？）しても、その「指摘＝助言！」を踏まえ最終的に「合格」することは明らかなため、ここでは規制委での議論の現状や指摘されている個々の問題点については特に言及しない（言及する能力も筆者にはない）。

その一方で、筆者が特に関心を持ってきた、事故時の運転操作・対応手順、事故に備えた保守管理・運転員への教育訓練などの「ソフト面」に関しては、様々な事故調（国会・政府・民間・学会・学術会議など）の報告書を見ても、時間的・時期的・人的な制約などがあってか、福島原発事故の十分な原因究明・教訓化には至っていない。そこで、以下、参考までに筆者の考察[1]の概略を記す。

福島第一・1号機の地震直後から津波前まで（事故初期）の事故対応・運転操作については、どの事故調も問題点を指摘していないが、実際には、『保安規定』で「適用外」と明記された温度降下率規定を遵守するため（という理由で反射的に行なった操作を正当化して？）、地震後唯一原子炉を自動的に冷却していた非常用復水器（IC）を「手動停止」するなどの不適切な（驚くべき）運転操作がなされていた。それに加え、津波後・全電源喪失後にも、運転員・吉田所長以下発電所対策本部・東電本店の誰も「IC停止・原子炉冷却機能喪失」を正確に認識せず、漫然と対応していたことで、最も優先されるべき炉心冷却（代替注水系による低圧注水冷却等）に失敗し、その結果、早期の炉心損傷・炉心熔融・水素爆発を招き、2・3号機の事故対応にも深刻な悪影響を及ぼし、福島原発事故を大事故たらしめた。ここで、ＩＣは、極めて単純な仕組み（弁の開・閉で起動・停止）で原子炉を強力に冷却（タンク水と熱交換）し、しかも継続作動すれば原子炉建屋外部に、通称『ブタの鼻』と呼ばれるベント管先端部から大量の真っ白な水蒸気（熱交換したタンク水より発生）をゴーという轟音とともに放出するため、誰でも「目と耳で」作動の有無が判断できたにもかかわらず、そのことすら東電の誰も正確に理解していなかったのである。その根本原因は、そもそもＩＣの作動経験が誰にもなかったことにあるが、[2] 実は、『保安規定』で、定期検査時（現行は13ヶ月に一度実施）に実作動させる「機能試験」を行なうことが定められていたにもかかわらず、東電は勝手な解釈で「機能試験」を「単なる弁の開閉試験」にとどめ、定検報告書[3]でも巧妙に国や地元自治体の目をごまかし（国・検査官も長年にわたってそれを見逃し）、営業運転開始以来一度も「実作動」させてこなかったことにある。これらの点は今後も検証が必要で、事故前から不適切な保安管理を行なっていた（そのことで事故を悪化させた）東電の責任は重い。

　また、これらの検証過程で、東電の運転マニュアル（事故時運転操作手順書：事象ベース・徴候ベース・シビアアクシデントの三種類がある）やその遵守状況（適用状況）の議論も注目していたところ、事故当事者の東電が、柏崎刈羽（かしわざきかりわ）6・7号機の再稼働に向けて事故の検証作業を行なっている新潟県（合同検証委員会や技術委員会）に対し、事故の真相究明に協力するどころか、「真相隠ぺい・改ざん」さえ行なっていることが判明した。特に、田辺文也氏が、東電が福島事故時（津波後）に本来適用すべき「徴候ベース手順書」を参照した対応をしていなかった問題点を指摘[4]したことに対し、資料を示して反論しているが、[5] それらはこれまでの事実経過や報告と矛盾する。[1]

このように「事故の教訓化」は特にソフト面で不十分で、規制委の各種規制基準も安全側とは言えず、適合性審査に「合格」したからといって、女川2号機の安全性が真に確保されたことにはならない。この点については、3・11後に女川原発で発生したいくつかの「トラブル実例」を後で紹介する。

なお、廃炉が決まった女川1号機については、2号機では適合性審査の過程で明らかにされた原子炉建屋への地震動の様々な影響（初期剛性の低下：東北電力は終局耐力には影響せずと弁明、多数のひび割れ：地震の剪断力や施工後の乾燥収縮によるものも含むが、水密性に影響する幅〇・三ミリ以上のものもあり）などが十分に解明・公表されず、そのまま闇に葬られる＝2号機や他の原発の安全性向上に活かされないという懸念が残る（むしろそのための廃炉決定?:）。それを許さないように、規制委審査においても、宮城県の「安全性検討会（女川原子力発電所2号機の安全性に関する検討会）」などの場においても、『同じ地震動』に襲われた1・3号機の被害実態も踏まえた2号機の健全性・安全性が確認されたのかどうか、最低限注視する必要がある。

2　女川原発の3・11のいくつもの幸運

二〇一一年三月一一日の東北地方太平洋沖地震・津波時、女川原発は1・3号機が営業運転中で、2号機は定検直後の原子炉再起動時だった。

地震後は、三基とも自動スクラムに成功し、そして五系統あった外部電源のうち一系統が無事で（四系統は使用不能）、非常用ディーゼル発電機D／Gも待機状態が確立され、その後の津波の影響で2号機のB系D／GとH系D／G（高圧炉心スプレイ用）は使用不可となったものの、A系D／Gは使用可能な状態で、各号機間での電源融通も可能であったことなどから、津波・電源喪失により大事故に至った福島第一原発と異なり、再起動中

当初の敷地高さの決定経緯

学識経験者による社内委員会（昭和43年～）

・1896年明治三陸津波，1933年昭和三陸津波等の津波記録

・869年貞観津波，1611年慶長津波なども考慮（文献調査）

・想定津波3m程度

委員会の専門的な意見を踏まえて敷地高さを14．8mに決定

新知見に対する対応

1号機の営業運転開始以降も，その時々の知見を随時収集しながら，津波に対する安全性を確認

○女川2号機設置許可申請時[昭和62年4月]

・想定津波見直し（3m程度→9．1m）⇨ 9．7mまで法面保護（3-③参照）

・貞観津波の影響調査（地質調査）

敷地（14．8m）の安全性確認

参考：土木学会手法による津波評価試算値（約＋13．6m）[平成14年2月]

〔図１〕東北電力「東日本大震災による 女川原子力発電所の被害状況の概要および更なる安全性向上に向けた取り組み」（14頁）
平成25年3月29日

だった2号機は地震直後の一四時四九分に「冷温停止」（原子炉水温が一〇〇℃未満+原子炉モードスイッチ「停止」）し、1号機は翌一二日の〇時五八分、3号機は同じく一時一七分に、それぞれ「冷温停止」した。

ただし、この結果だけで「女川原発は3・11の地震・津波に耐えた」と考えるのは早計である。

地震によって敷地高一四・八メートルだった敷地が約一メートル沈降して一三・八メートルとなったところに、高さ約一三メートルの津波が襲来した。しかも、津波到達時は平常潮位より〇・五メートル高い状態だったが、満潮時はさらに〇・五メートル上昇していたはずで、大潮や低気圧接近などによる潮位の上昇がなく、敷地の沈降が約一メートルに留まったことも考え合わせるなら、津波による重大な浸水被害を受けなかったは「間一髪」だったことが分かる。

この点、建設当時の東北電力の副社長が大幅に余裕をもたせて敷地高「+一四・八メートル」を（社内の反対に屈せず？）通したという逸話も流布されているが〔図1〕、それが純粋に津波対策の観点からだった

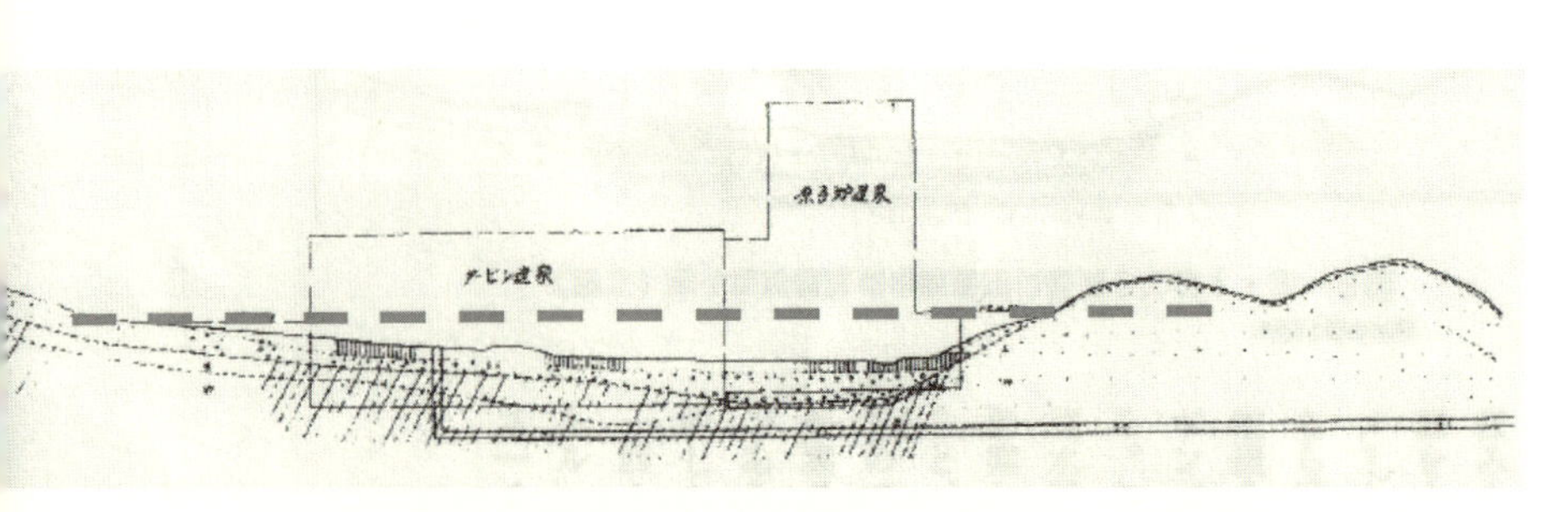

〔図2〕原子炉設置許可申請書添付書類6の第1・3―3図
点線は筆者加筆

のかどうかは疑わしい。なぜなら、女川原発建設予定地の「お椀型」敷地を水平に造成しようとすれば、①上部（地表近く）の風化した岩盤を取り除き、生じた窪みを、造成のために削った強固な岩盤の岩石で埋めると、お椀の底の建屋基盤面を水平にでき、また②お椀の端近くの建屋両側は、多少の盛土をすれば約一五メートル高の敷地となり〔図2　点線は筆者加筆〕、さらに③その程度の敷地高なら巨大設備・機器（圧力容器・格納容器・サプレッションプールやタービン発電機その他）もあまり持ち上げずに設置・据付でき、さらに④冷却用海水の電動ポンプによる大量取水（揚水）にも好都合＝経済的だったと思われるからである。ちなみに、福島第一原発の「＋一〇メートル」という敷地高が「地質状況、復水器冷却水の揚水に必要な動力費、土工費、及び高波・津波に対する安全性を勘案して[6]」決定されたとされ、同様に「東北電力による同社ＯＢの聞き取りによると、当時、文献調査や聞き込み調査から得られた痕跡記録は三メートル程度のものであったが、敷地造成に係る土量配分の観点から前記の敷地高とする計画が提案され、…このような敷地高での設置で妥当ではないかとの結論に至ったためである[7]」と述べられているように、土木工事費や運転維持費などの経済性から判断した結果、たまたま福島第一原発の「＋一〇メートル」より高い敷地高「＋一四・八メートル」となった可能性が極めて高い（逆に、敷地高を「＋一三・八メートル」とかに低く造成しようとすれば、「敷地面積約一七〇万平方メートル×厚さ一メートル＝一七〇万立方メートル」（岩石密度を約二・五トン／立方メートルとすると、一〇トントラック四二万五千台分）もの大量の土砂を掘削・搬送処分する必要が生じる）。

このように、女川原発は、あらゆる運が味方して「結果的にたまたま無事」だっただけで、決して東北電力の「安全性優先の姿勢や技術力等によって必然的に耐えた」ものではない。

3　東北電力の技術力・現場力（福島原発事故後も続発するトラブル）

3・11地震の影響については、先に触れた原子炉建屋・タービン建屋などへの影響（初期剛性の低下やひび割れ問題）に留まらず、機器・配管・設備等へのダメージの蓄積なども考えられる（県の検討会有識者の関心事項でもある）。それらの多くは耐震補強工事などにより改善される可能性があるが、これまでの女川原発での『実績』に鑑みると、点検・評価箇所の見落としや施工ミスなどが皆無ということは決してあり得ない。また、2号機でも確実に進行している老朽化や地震後の長期運転停止（八年以上）に伴う劣化、運転員の経験・技能不足など（シミュレーター訓練の繰り返しだけでは不十分）、様々な問題が潜んでいる。

そして、女川原発では相変わらず「人為ミス」に起因するトラブルが続発している。

＜例一＞　二〇一四・一・九、女川2号機で、耐震補強用の梁増設のためのアンカー（固定金具）設置用穴あけ作業で、原子炉建屋のコンクリート外壁をドリルで貫通させる作業ミス。壁を貫通する可能性のある長さのドリル刃の使用が直接原因で、削孔深さを外壁外側表面から等距離にするため、数十センチの凹凸差がある内側表面から「二通りの削孔深さを設定」したことに作業者が対応できず。ただし、アンカーの梁固定強度確保上、一定の削孔深さ（アンカー挿入長さ）でも十分だった可能性があり、その場合は二通りの削孔深さを設定・要求した電力側の設計ミス。

＜例二＞　二〇一四・一二月実施「第三回保安検査」で、女川2号機約三万三千機器の点検記録のうち誤記載・管理不備等が四一八八件あったことが判明。その後、1号機約六百機器の点検記録中、不備が一〇二件、3号機約一万五千機器中、三七二件の不備も判明。中には、作業員二名で点検した場合でも「構造的に存在しない構成部位等の点検が記録上実施されて」いたことも。記録紙の書式・使い回し等が根本原因でないことは明らか。

＜例三＞　二〇一五・九・二九、女川1号機で「所内電源喪失＝停電①」があり「非常用ディーゼル発電機」が自動起動し、その復旧過程で翌九・三〇に再び「停電②」。原因は、作業時に遮断器などを作動させないための「電気的に隔離する処置（アイソレーション）の不足」とされ、一〇・六報告では、停電①では「アイソレが、図面の確認が不十分であったため、実施されなかった」、停電②では「図面の表記を見誤ったことから…アイソレが漏れた」ということで、いずれも図面の見誤りが原因（「隔離されなかった」のに「隔離不足」と表現し真相を曖昧にするのは常套手段）。そして、一二・二四文書では、各担当者が「図面を見誤り」、作業確認の「ルールが不明確、役割分担・責任者が不明確」だったことが原因とされ、再発防止策は「実践的な教育を継続的に実施する」ことと「ルールの改善、検討体制の明確化」で、「見誤った」から「見誤らないよう教育する」、「不明確」だったから「明確にする」というお得意の文学的対策のみ。非常用ディーゼル発電機関係の作業と所内停電可能性のある作業の同時実施の禁止や、誰かが準備した手順を現場で別の人間が変更できる「一人（無確認）作業体制」の禁止、「準備していた…アイソレ」を不要として作業時間・手間を短縮する『工夫（手抜き）』が評価される体制（東海ＪＣＯ臨界事故のバケツ使用「裏マニュアル」と同様）の根本的転換、計測制御回路では「ヒューマンエラー防止対策」で実施していた図面色塗りを電気制御回路では「適用範囲外」にしていた一貫性のなさの廃止（全作業での色塗り）等々、手間や費用のかかる根本的対策を行なう気は全く見られない。

＜例四＞　二〇一六・七・八、女川2号機の地震計で誤作動（警報発信）。これは、『原子炉格納容器圧力逃がし装置（フィルターベント）』の設置工事に伴うもので、地震計を一時停止後、作業関係者の誰も「復帰ボタン」の役割（電源を入れただけでは通電復帰せず）を理解しておらず、復帰ボタンを押さないまま復旧したため警報発生。規制委・統括原子力保安検査官も「設備の復旧作業に係る作業管理の改善を図ること」〈七・二二指導文書〉という抽象的指導のみ。なお、七・二七には3号機から国や自治体へ火災発生警報を誤発信（パソコン誤操作）。

＜例五＞　二〇一六・一一・二八、女川1号機で海水漏洩。原因は、二五日に二名で熱交換器の弁の開閉確認を行なった際、作業員が「D：デー」を「A：エー」と聞き違えたことで（発音の悪さか耳の悪さ：東北地方ならでは?）、今後は「航空無線等で用いられているアルファベットの読み方を使用…（例：A＝アルファ、B＝ブラボー、C＝チャーリー、D＝デルタ…）」とのこと（そもそも「D：ディー」を「デー」、「A：エイ」を「エー」と発音する作業員に、一人残らず「アルファ、ブラボー、…」を覚えさせ慣れさせることが可能?）。東北電力は、一方の作業員が「当該弁を直接確認しなかった」ことを問題視。でも、配管等が入り組み、足場階段があったり、狭くて見にくい位置に弁がある等の「作業環境の劣悪さ」や、①弁の開閉確認役・②記録役という「役割分担・上下関係」が影響した可能性もあり。また、真に問題視すべきは、運転員②が、「D：デー」を「A：エー」と聞き違えて既に「A弁」欄に「閉」と記載していたのに、その後の運転員①からの「A：開」の報告に対し、その段階で「あれっ？」と疑問を持たず（それとも今度は「A：エー」を「D：デー」と聞き違えた？）、空いていた「D弁」欄に「A：開」の結果を〝穴埋め〟したこと。さらに、二八日の作業再開時にも、記録上「開」の「D弁」が実際には「閉」と判明した時点で、「A～C」を再確認すべき（「開」の弁があるはず）なのに、そのような「不整合」に疑問を感じないまま通水して海水漏洩。そもそも、熱交換器自体や近傍に「A～D」の表記・プレートが掲示されていれば、二人とも今どの弁を確認しているのかが一目瞭然で、「D」と「A」の取り違えはなかった（起こり得なかった）はず。東北電力は、「通水前における弁状態の確認手段が不明確」だったとして、再発防止策として「弁の開閉状態を示した「配管系統図」を作成し、弁状態の確認前に「通水手順書」との整合性を確認する。」としているが、一つの異常（記録上「開」の「D弁」が実際には「閉」）に気付いた時に、類似の異常の有無を再チェックできるような作業環境・時間的余裕などを確保しない限り、早期作業終了目的での場当たり的対応しか期待できない。

＜例六＞　二〇一七・三・二七、女川2号機管理区域で「漏水＋作業員三名被水」トラブルが発生。例四と同様「フィルターベント装置の設置工事」に関連してで、仮設排水ポンプ取り外しの際、液体廃棄物処理系に通じる出口弁が「開」のまま「仮設ホース」の接続部を外したため、配管内に溜まっていた水の一部（五リットル）が、残水受けのために用意していたビニール袋から跳ね返って漏洩。原因は、「本来、作業前に閉めるべき「出口弁」が開いた状態で仮設排水ポンプの取り外し作業が行なわれたために、残水量が多くなり漏えいに至った」とのこと。本来、接続部の下流側・出口弁が閉まっていれば接続部を外しても物理的にホース内の水は出てこないはずなので、多少の水こぼれに備えてビニール袋の用意で十分。ところが、出口弁が開いていると、配管内の水が下流側から逆流してビニール袋では間に合わず溢れたのは当然。その際の東北電力社員の行動は不可解。共用設備グループは計測制御グループから「仮設排水ポンプの取り外しを依頼」され、その取り外し作業を協力企業へ「依頼」したはずなのに、協力企業から「作業開始を連絡」された時、原因となった「仮設の排水ポンプの取り外しまでは行わないと思い」ながら作業を「許可」したと説明。電力内部での出口弁開閉管理の「責任のなすり合い」がなされるだけで、最も肝心な「作業内容（仮設排水ポンプの取り外し）の確認・共有」は全くなされていなかったことが最大の問題。東北電力は「作業中：管理職が担当者の基本動作の実施状況を直接確認および指導を実施」を打ち出したが、協力企業作業員の『作業手順』に従った作業を現場で東北電力の管理職が直接確認・指導することなど考えられず、まさに絵に描いた餅。

＜例七＞　二〇一八・一二・四、女川1号機で「復水補給水系の弁」から漏水。漏水元の弁は、通常は「全閉」運用なのに、点検時に「効率的に水抜きを実施するため、水抜き箇所の追加を検討し、水抜き作業時に「全開」、点検終了後の水張り作業前に「全閉」とするよう、安全処置の変更を行なったうえで、水抜き作業を実施した」が、「点検終了後の水張り手順を作成する際」の「手順作成時」と「作業実施時」の二つのミスで、弁が「全開」のまま水張りして漏水。そもそも「社員A」に独断で「効率的水抜き」を発案させた作業時間短縮・経済性優先の「現場力」が問題で、また「社員A」も、水抜き作業時に「全開」とする手順にしたなら、作業後直ちに「全閉」とする手順にすればいい（すぐの復旧が鉄則）のに、それを系統全体の点検終了後の水張り作業前に「全閉」と後回し（これも時短のため？）にしたことが問題。さらに、「効率的」水抜きが「社員A」

の発案・独断だったとしても、水抜き後、通常「全閉」の弁に仮設ホースが接続され、養生用ビニールが放置されたままになっていたことに誰一人違和感を覚えなかった「現場力」も問題。他にも、当該弁・仮設ホース・溜め升経由の排水が下のドレン（排水路）になぜ十分に流れなかったのか、溢れ出た点検口はなぜ開いていたのか（閉め忘れ?）、地下1階の溜め升から溢れた排水はなぜ地下2階に滴下したのか（3・11、4・7地震や乾燥収縮による「ひび割れ」による床の水密性低下が原因?）など、説明・究明は不十分。

このように、東北電力はトラブルの都度「再発防止対策を講じている」にも関わらず、似たような人為ミスによるトラブルが続発している。それは電力自身で「真の原因究明」ができていないためで、例えばアルファ・ブラボーなどの英語スペル（綴り）が（日常的に英語を使用する航空関係者と違い、筆者も）分からないのに、「エイ：アルファ、ビー：ブラボー」と押し付けられても余計に混乱するだけで、そのような的外れ・枝葉末節（小手先）の対策を講じて（外向けに発表して）済ませているからである。〈その体質は適合性審査でも存分に発揮されているようで、規制委からの指摘に対し受け身的に対応（やっつけ仕事）するからこそ、本節1で述べたように審査・説明の長期化を招いているものと思われる。〉

4　『千年後の未来』へ何を残すのか

原発再稼動を推進する側（原子力ムラ）は、相変わらず原発を「巨大なエネルギー源」としてしか見ていないが（核武装論者と同質）、福島原発事故で明らかになったように、原発は「大量の放射性物質＝死の灰の製造装置」でしかない。そもそも「核分裂⇩死の灰＋エネルギー」なので、一瞬で消え去るエネルギーを原爆・原発として使おうと使うまいと「死の灰」は確実に生成し、そして、人間の寿命や国家・社会・文化・文明の歴史をも超える長期間（〜数百万年）、この地球上に残留する。

国内の商業炉初の廃炉作業（一九九八年〜）を行なっている日本原電・東海原発では二〇一五年、放射能レベルが三段階で最も低い放射性廃炉廃棄物（L３：総量二十万トン中の約一・六万トン）を原発敷地北側の社有地に埋める方針を公表した（五十年以内は巡視などの管理）。全国の原発で廃炉作業が進めば、六ヶ所の低レベル放射性廃棄物埋設施設（L２用）などはすぐ満杯になることが予想され、それも見越しての「敷地内埋設」だとすれば、女川原発でも同様に敷地内埋設をせざるを得なくなり、原発設置時の〝女川に核のゴミは残さない〟という東北電力の公約？は反古にされる可能性が大きい。

繰り返される自然災害（巨大地震・津波）について『千年後の未来』へ語り継ぐ大切さを再認識した今だからこそ、その「第一歩」として女川２号機の再稼動＝「死の灰の製造・未来世代への先送り」を止めさせることが必要である。そして、東北電力の製造者（汚染者）責任・受益者負担原則を明確にした上で、これまで女川原発が生み出した「死の灰（使用済核燃料・高レベル廃棄物・プルトニウム）」や、今後確実に発生・増加する「廃炉廃棄物（中低レベル廃棄物・クリアランスレベル廃棄物）」を、『千年後の未来』へ押し付けない解決策を模索すべき時を迎えている。

【注】

（１）石川徳春（二〇一九）「1号機の初期事故対応から見えた福島第一原発事故の原因と背景＝東電の技術力のなさ」『原子力資料情報室通信』五三七号（二〇一九年三月一日）。

（２）東電は、二〇一五・一・八新潟県課題別ディスカッション二「資料一：論点の整理」及び「第五回補足説明資料Ⅲ

-二-一〇追加資料」で、非常用復水器が一九九二・六・二九に一度起動したことを初めて明らかにした。ただし、その際は作動時間が短く「ブタの鼻」からの蒸気噴出はなし。

（3）東京電力（二〇一〇）「福島第一原子力発電所一号機　第二六回定期事業者検査実施項目」添付資料三-二（一／八）頁。

（4）田辺文也（二〇一五～一六）「連載　ないがしろにされた手順書（一）～（四）」『世界』岩波書店。

（5）東京電力ホールディングス（二〇一八）「前回委員質問への回答」『新潟県原子力発電所の安全管理に関する技術委員会（平成三〇年度第二回）資料№三』（二〇一八年一〇月三一日）。

（6）東京電力福島原子力発電所事故調査委員会（二〇一二）「国会事故調報告書」八三頁（二〇一二年九月三〇日）徳間書店。

（7）東京電力福島原子力発電所における事故調査・検証委員会（二〇一二）「（政府事故調）中間報告」本文編四〇六頁（二〇一一年一二月二六日）。

第二章　原発の「経済神話」

【写真上】現在の女川原発（２０１９年６月23日）
【左】女川原発反対同盟の看板

I　原発立地自治体の財政と経済
新潟県（柏崎市）と福井県（敦賀市、美浜市）の事例を参考にして

田中　史郎

はじめに　――原発の三つの神話

原子力発電（原発）のいわゆる「経済神話」を問うことが本稿の主な目的である。前章ですでに触れられているように、原発には様々な「神話」が存在した。ここで神話とは、そもそも実体は定かではないにも拘わらず、人々に信じこまれてきた「何か」を指す。たとえば、かつての「土地神話」などをイメージすれば良い。いわゆるバブル景気が崩壊する直前までは、地価が下落するなどということはあり得ないと考えられていたのだった。しかし、バブルの崩壊とともに地価が暴落したことはいうまでもなく事実である。そうしたことを原発に引きつけて言えば、「クリーン神話」、「安全神話」、そして「経済神話」としてまとめることができる。(1)

すなわち、①原発は二酸化炭素（温室効果ガス）を放出しないので環境に負荷を与えずクリーンである、②日本の原発は最高水準の科学の粋を結集して建設されているので絶対に安全である、③石油などの資源のない日本にとって原発は経済性に富んでいる云々、といったものに他ならない。むろん、このような「神話」から派生し

たさらに多くの「神話」が生まれているが、大まかにいえば、以上のようである。

しかし、こうした神話はまさに神話に過ぎない。すでに「クリーン神話」と「安全神話」にかんしてはその内実について大方の理解が進んでいるように思われものの、「経済神話」は繰り返し語られる。本稿では、「経済神話」に論を絞り考察を進めたい。

1　原発と地方財政

原発に関する「経済神話」と言ってもやや漠としている。ここではそれを「財政」と「経済」の点から見てみよう。平たくいえば、原発が立地すると、その地域の財政が潤い、また、経済的に豊かになる、という「神話」である。また、この背景には発電コストの問題が横たわっている。

まず、財政を俎上に乗せよう。３・11以降は、周知のように大部分の原発が停止状態なので、財政事情にも変化がみられる。従って、財政についての「神話」の内実を明確にするに、それ以前のデータを前提にした。

a　電源三法からみた原発財政

原発の立地する自治体に多額の資金が入ることは知られているが、それを大別すると、①電源三法による交付金と②固定資産税などの税収ということになる。まずは、前者からみてみよう。

やや遡るが電源三法の歴史的経緯を概観する。高度経済成長期の日本における電力需要は毎年一〇％を超えて増加し、電源開発は極めて重要な課題であった。そうした折、一九七三年に第一次石油危機が発生し、電力供給の安定化、つまり発電量の増強が叫ばれることになった。一九七四年に発電用施設の設置の円滑化のためとして、

「電源開発促進税法[2]」、「電源開発促進対策特別会計法[3]」、「発電用施設周辺地域整備法[4]」のいわゆる電源三法が制定されたのであった。

地元住民の理解と協力を得て発電所の立地を進めるべく、電源開発のための目的税として「電源開発促進税」を導入し、その税収を財源として「電源開発促進対策特別会計」を通じ当該地域において公共用施設を整備するための交付金等を交付する制度が創設されたのであった。電源開発促進税の税率は、発足当初の一九七四年では八五円（千kWh当たり）だったが、一九九〇年代のピーク時よりは減少したものの、二〇〇七年以降では三七五円（千kWh当たり）になっている[5]。この間に、一方では、第二次石油危機（七九年）やスリーマイル島原発事故（七九年）、チェルノブイリ原発事故（八六年）が起こり、他方では、国際的な環境条約として京都議定書（九七年）の採択がなされた。これらのことは、それぞれベクトルが異なっているはずだが、これらが原発優遇に結びつけられていった。

交付金は、原子力発電施設および原子力発電関連施設、火力発電施設、水力発電施設等の設置地域に交付されるものであると建前では示されているものの、実際には原発についてのみ政策的に優遇されてきたことはいうまでもない。

こうして税率の引上げと販売電気量の増大によって、電源開発促進税収入は、発足当初（七五年度）は三〇〇億円にも満たなかったが、二〇一〇年度には一〇倍以上の約三、五〇〇億円になった。こうした財源を基に「エネルギー対策特別会計」が作り上げられている。二〇〇九年度の値になるが、同特別会計の歳入と歳出をみると、歳入ではほぼ全てが電源開発促進税収入（一般会計からの組み入れ）から成り立っており、歳出では電源立地対策費に約一、五〇〇億円、日本原子力研究開発機構に約一、一〇〇億円、電源利用対策費に約四四〇億円、原子力安全基盤機構運営費に約二二〇億円が当てられている[6]。この電源立地対策費が原発立地の自治体に交付金として支出されることになるのである。特別会計歳出の半分強が原発開発に、半分弱が原発立地の各自治体に配分されているといえる。

ところで、ここで交付金の使途の規制と緩和について補足しておきたい。電源三法による交付金の制度は何度となく変更を経てきた。当初は、交付金は公共施設の整備というハード整備に限定されていた。後にみるように、原発立地自治体にいわゆる「箱モノ」と呼ばれる大型の公共施設の建設が相次いだ一因はここにある。しかし、二〇〇三年に交付金が施設の維持運営にも活用できるように変更された。資金をソフト部面に使用しても良いとされたのである。これには、各自治体にとって、「箱モノ」の運営コストが莫大になり、その維持さえも困難になってきたという背景がある。しかし、その変更の時期は遅すぎたといわざるを得ない。後述の新潟県柏崎市の例がそれを示している。

b　原発立地自治体における財政

電源三法（電源開発促進税法）によって、税金として多額の資金（二〇一〇年度、約三、五〇〇億円）が集められることをみた。これらの半分弱は原発の立地する自治体に交付されるが、自治体からみると原発による収入はそればかりではない。原発の立地する多くの自治体にとっては、電源三法交付金よりも固定資産税などの税収の方が大きい。もっとも、これらの収入は、原発の着工や運転当初は巨額になるものの、その後は減少していく仕組みになっている。

経済産業省は、原発の着工直前から運転開始一〇年程までの財源効果のシミュレーションを行っている。[7] それを利用しながら全体像を概観しよう〔図1〕。

経産省のシミュレーションのモデルとなっている初期条件は、「原子力発電所の出力は一三五万kW、建設費は

四、五〇〇億円、建設期間は七年」とされる。そして、「運転開始まで一〇年間と、運転開始翌年度から一〇年間での立地にともなう財源効果の試算」がなされているのである。(8)

それによれば、まず第一に、着工の三年前から「電源立地地域対策交付金」として毎年五・二億円が交付される。第二に、着工から完成までの七年間は、「電源立地地域対策交付金」が、原子力発電施設等周辺地域交付金枠、電力移出県等交付金枠などの名目のもとで増額される。年間三六・五億から六五・五億円程度の交付金が当該自治体に入る。そして、第三に、運転が開始されると、電源立地地域対策交付金は減額され約一五億円程度になるものの、固定資産税が巨額の歳入となる。固定資産税は、原価償却によって年々の減収となるのであって、運転開始の翌年では六三億円に達するが、一〇年後には一五・九億円になるという。したがって、運転開始からの当該自治体の歳入は当初は七七・五億円程度であったものの一〇年後には約三一・四億円になる。

これをまとめると、当該自治体の歳入は、原発を一基誘致することに

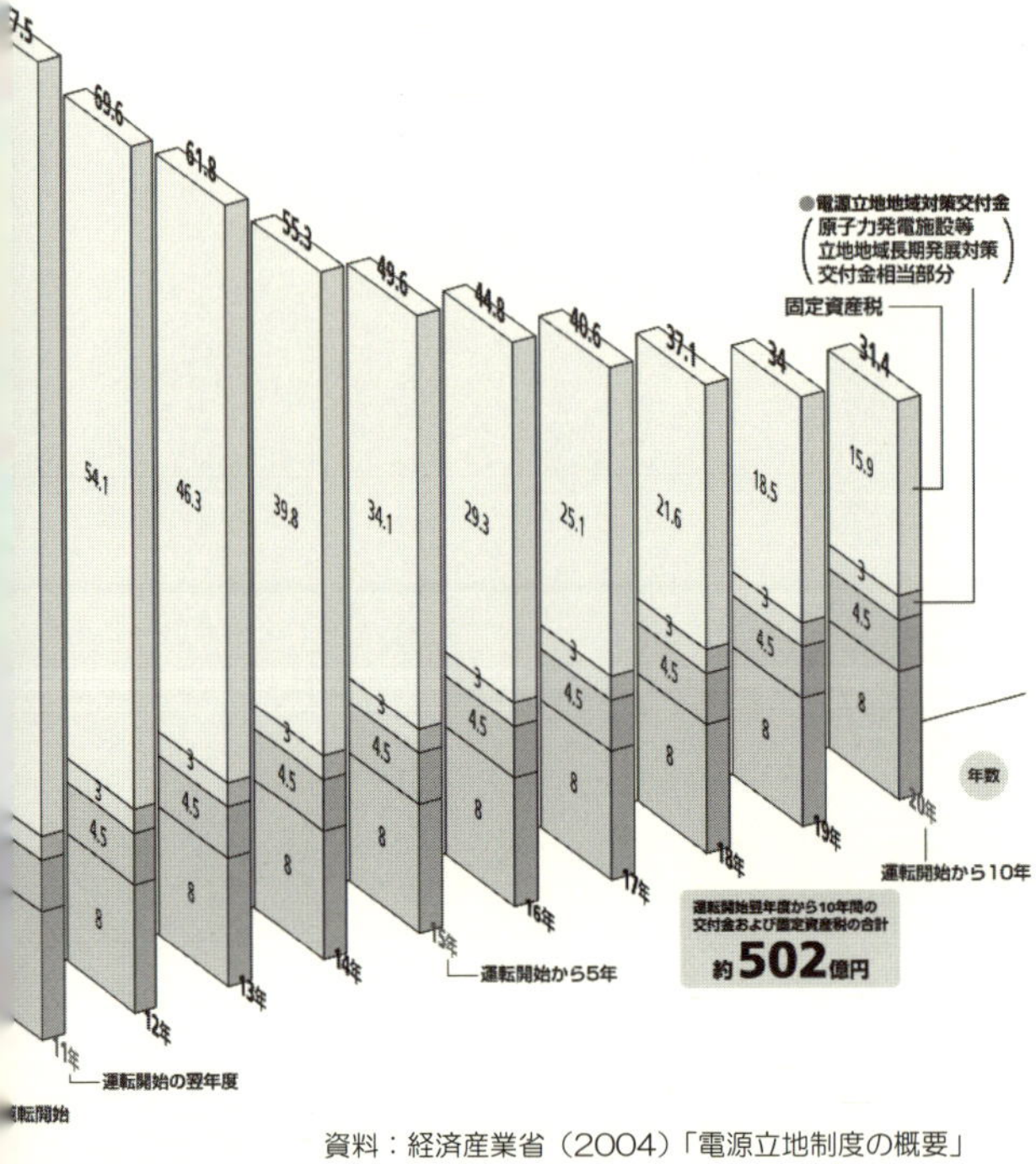

資料：経済産業省（2004）「電源立地制度の概要」

〔図1〕財源効果のモデルケース

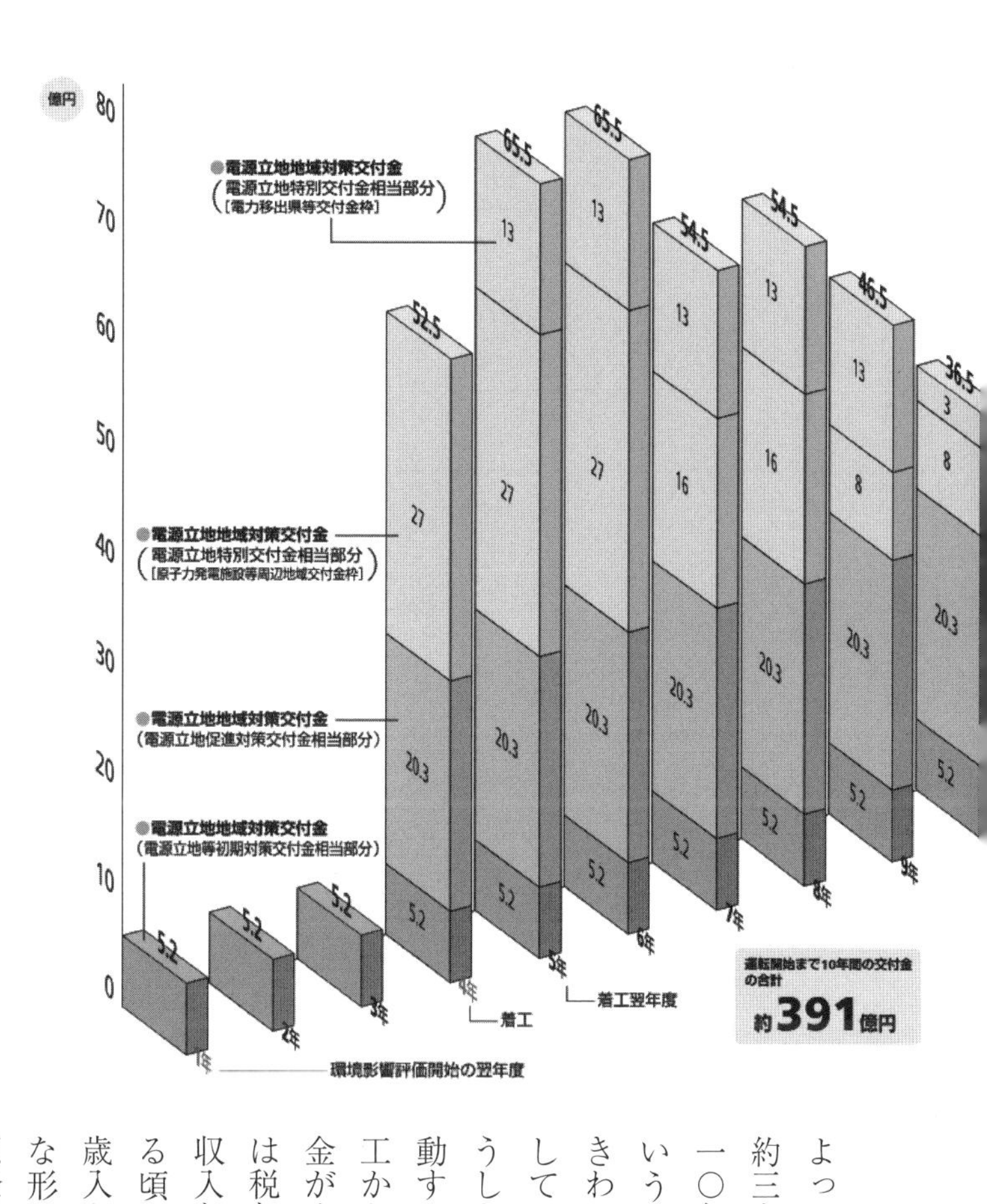

よって、運転開始までの一〇年間で約三九一億円、運転開始翌年からの一〇年間で約五〇二億円に達するという。小規模の市町村にとっては、きわめて巨額であるといえよう。そして、それと共に注意すべきは、こうした交付金収入や税収が大きく変動するということである。原発の着工から運転開始まではかなりの交付金が入り、また、運転開始後の直後は税収の大幅な伸びによって多額の収入となるものの、一〇年を経過する頃の歳入はピークの半額になる。歳入がいわば「のこぎり歯」のような形状になる。後に述べるように、原発マネーの問題点である。

原発立地自治体には、このような構造の歳入がもたらされる。そこで、原発立地等市町（六ヶ所村を含む）歳入の構造をみてみよう。

	原発等立地市町村	歳入総額(千円)	固定資産税(対歳入総額比、%)①	電源立地地域対策交付金(対歳入総額比、%)②	寄附金(対歳入総額比、%)③	①+②+③(対歳入総額比、%)
1	柏崎市	59,493,320	15.5	7.5	0	23.1
2	敦賀市	28,218,252	29.9	7.3	0	37.2
3	御前崎市	18,867,429	39.7	6.2	0.1	46
4	松江市	101,336,443	11.5	5.7	0	17.2
5	薩摩川内市	55,190,554	11.4	2	0	13.5
6	泊村	3,411,988	41.2	17.1	0	58.3
7	東通村	9,060,545	42.7	11.5	13.6	67.8
8	女川町	6,408,368	56	5.9	0	61.8
9	富岡町	7,337,855	28.9	12.7	0	41.6
10	大熊町	7,117,441	33.1	21.7	0	54.8
11	双葉町	5,880,871	24.2	32.2	0	56.4
12	東海村	20,146,627	40.7	6.5	0	47.2
13	刈羽村	10,182,679	21.8	15.7	35.7	73.3
14	志賀町	16,248,979	35.5	3.3	0	38.8
15	美浜町	8,612,825	19.4	24.9	0	44.4
16	高浜町	7,855,708	30.1	21.8	0.2	52.2
17	おおい町	13,156,156	25.5	16.3	0	41.9
18	伊方町	12,807,028	15.9	8.1	0.1	24.1
19	玄海町	8,433,105	35.8	17.4	0	53.3
20	六ヶ所村	13,533,176	38.9	14.2	1.5	54.6
	原発等立地市町村平均	20,664,967	22.2	8.4	1.3	31.9
	全国の都市平均		16.6			
	全国の町村平均		12.2			

資料:全国市民オンブズマン連絡会議(2011)「原発利益誘導によってゆがめられた地方財政」より一部修正

〔表1〕原発等立地市町村の歳入構造(2009年度決算)

	歳入		歳出		
	固定資産 税	寄附金	歳出総額	普通建設 事業費	積立金
原発立地市町村平均	273,010	46,662	869,090	172,807	114,143
全国の都市平均	62,876	477	379,289	52,280	7,775
全国の町村平均	63,588	1,126	497,909	88,936	19,265

資料:全国市民オンブズマン連絡会議(2011)「原発利益誘導によってゆがめられた地方財政」より一部修正

〔表2〕一人当たりの原発立地市町村と一般市町村の財政比較(2009年度)

〔表1〕は、二〇〇九年度における各自治体の歳入構造を一覧している。それぞれの自治体では歳入構造が年を追って「のこぎり歯」のような形になるが、この表では、それが凹凸のある値として示される。平均は、それが平滑されたものとなる。

まず、歳入総額をみると、松江市のように一、〇〇〇億円を超える自治体もあれば数十億円規模の自治体もあるものの、原発立地自治体で平均すると二〇七億円程度である。その中で、固定資産税収の割合は二二・二%に達している。これは、全国の都市平均が一六・六%、全国の町村平均が一一・二%となっているので、比較するとかなり高い。これだけでも原発による歳入は大きなものだが、さらに、電源立地地域対策交付金と寄付金が加わる。この二つの歳入は原発立地等自治体のみにあるもので、それ以外の自治体ではゼロと考えられる。それらを合計して、その歳入割合を見ると三一・九%に達する。各自治体によって、かなりのバラツキはあるものの(9)、大まかにいって、財政の三割以上が原発関連の資金によって賄われているといえよう。

また、原発立地市町村等はその規模において大小があるので、一人当たりの値で示しておく〔表2〕。歳入においては、一人当たりの固定資産税収は、全国平均が約六万二〇〇〇〜三〇〇〇〇円程度にあるのに対して、原発立地市町村等では二七万円超に達している。また、原発立地市町村等では寄付金も桁違いに多い。

次いで一人当たりの歳出を見ると、まず総額では全国平均が約三八〜五〇万円程度にあるのに対して、原発立地市町村等では八七万円超に達している。また、もう少し細部をみると、建設事業費も全国平均よりかなり多くなっている。原発立地市町村等においては、歳入が潤沢であり、それに応じて歳出も大きいことが明らかである。

c　柏崎市の財政

以上をふまえ、東京電力柏崎刈羽（かしわざきかりわ）原発の所在地である柏崎市のケースをみてみよう。同原発は、新潟県柏崎

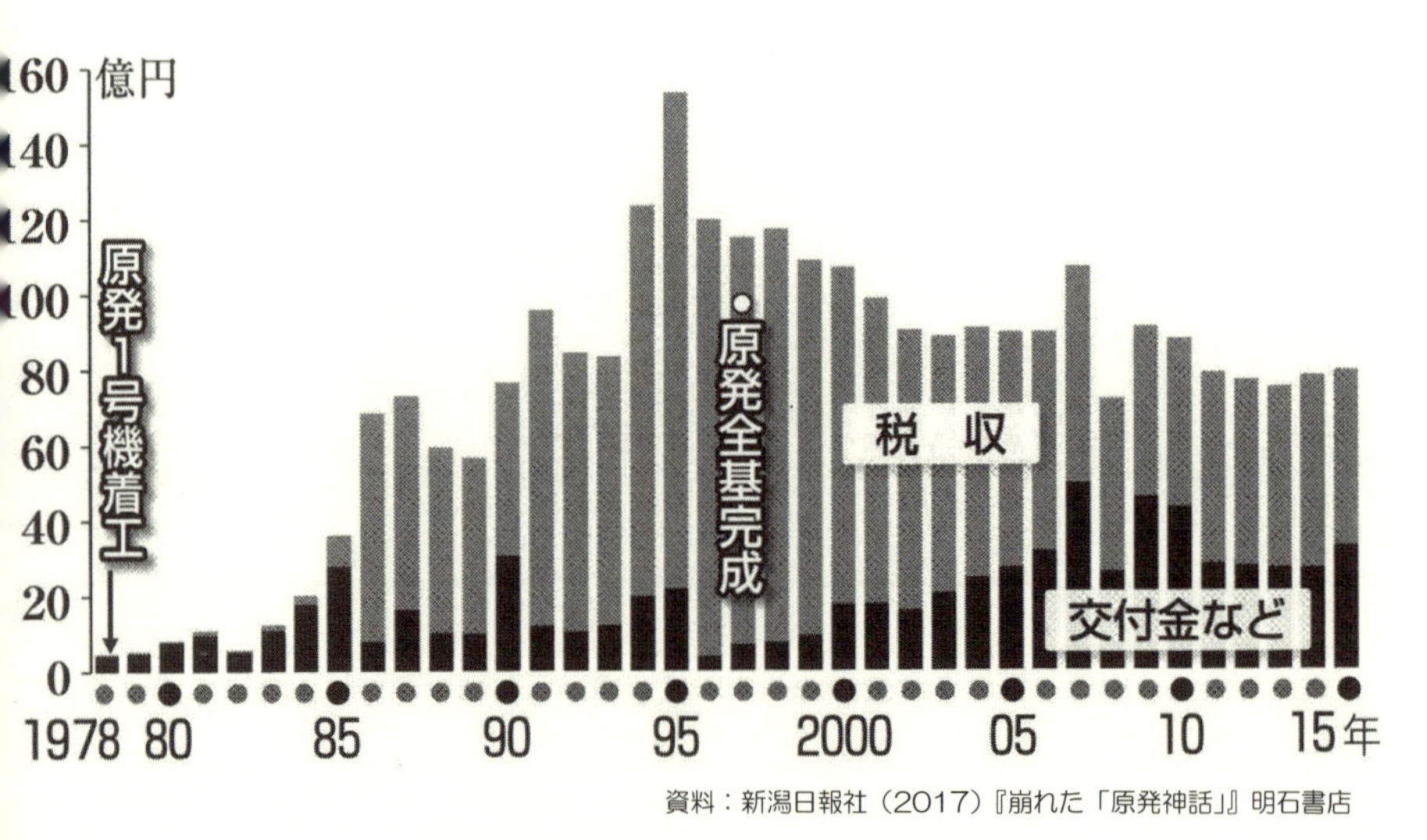

資料：新潟日報社（2017）『崩れた「原発神話」』明石書店

〔図２〕柏崎市の原発関連財源の推移

市と同県刈羽郡刈羽村にまたがる形で立地しており、1号機から7号機までの七基の原子炉を有している。1号機が一九七八年に着工し八五年に運転開始されたのを皮切りに7号機（九二年に着工、九七年に運転開始）、まで矢継ぎ早に建設された。合計出力は八二一万二、〇〇〇kWで、世界最大の原子力発電所になっている。[10] なお、現在はすべてが「定期検査中」（停止中）である。

柏崎市の原発による財源の推移をみよう〔図2〕。一九七八年の原発1号機の着工から歳入は拡大し、全原発七基の完成の二年前の九五年に一五三億円のピークを迎え、その後は傾向的に減少している。細かくみると、それぞれの号機が運転を開始した後に若干ではあるが歳入が減少し、その次の号機の着工などによってまた歳入が増加するということをみてとれるが、柏崎刈羽原発の場合には、矢継ぎ早に建設が進んだので、全体として歳入の大幅な拡大と、それ以降の漸次的減少という構造になっている。

みられたように、原発立地の市町村等においては、平均的に見て歳入が潤沢であり、柏崎市においても例外ではない。柏崎市においては、このような豊かな歳入を前提として、大型の事業が進められてきた。「総合福祉センター」（総工費七億五、〇〇〇万円）、「ソフトパーク整備事業」（九億九、九〇〇万円）、「総合体育館」（三一億八、五〇〇万円）、「都市計画道路宝田北斗町線」（七億一、五〇〇万円）、「鯖石川改修記念運動広場」（一〇億八、八〇〇万円）、「柏崎コレクションビレッジ」（一一億八〇〇万円）などが大型事業としてあげられている。[11] こうして、歳入が拡大しつつある一九九〇～一九九五年度の間には普通建設事業として年間一〇〇億円以上の事業費を計上している。

しかし、こうした財政の拡大路線は、矛盾を孕むものであった。財政指標としてしばしば用いられる「経常収支比率」の推移をみると、九五年以降ははっきりとその比率が高くなっている。経常収支比率とは、公債費や人件費、扶助費といった「固定費」の、税など自治体が自由に使える資金に占める割合を指すが、これが高いほど財政が硬直化し、自由度が少なくなっている状態を示す。経常収支比率は、一九九五年では六〇％台であったものの、今世紀に入り九〇％を超え、二〇〇七年度、二〇〇八年度では一〇〇％以上になっている。この値は類似（同規模）自治体の中での順位で、一二九自治体中一二五位であった（ちなみに、類似自治体の経常収支比率は平均九三・〇％）。

また、地方債残高は増加しており、二〇〇八年度には五四三億円に達している。債務負担行為残高[12]との合計額は六、〇一八億円で、市民一人当たりの額は六五万円となる。歳入が増加傾向にあった際にあまりに多くの公共事業を行ったツケが回ってきたといわざるを得ない。

柏崎市は、原発財源という特殊な財源を得たことにより、建設事業（箱モノ）を中心に財政規模を膨らませた。それによって、とりわけ今世紀に入り、財政状況の硬直化を招いてきたのである。

このような状況に至った具体的要因として二つのことがあげられよう。その一つは、既述のように、電源三法交付金の対象が当初は建設事業に限定的だったことである。当時としては有り余る財源を前にして、公共事業を拡大することはある意味で当然であった。電源三法交付金の使途が決められていたため、このようなことが生じたといえる。

そして、もう一つは最も大きな財源である固定資産税が、減価償却によって大きく減少したことである。こうしたことは当初から予測できていた。それにもかかわらず、それを見越した財政運営をしてこなかったといわざるを得ない。

しばしば、原発に伴う交付金や税金が「輸血」ないし「麻薬」と呼ばれることがある。すなわち、それらの資金は、一定期間は急速に増大するが、それが過ぎると当然のことながら減少する。しかし、既にみたように、資金の潤沢な時期に進められた公共施設等の建設物においては施設維持費が減ることはない。補修費などを含めると、むしろ維持費は増加することもある。たしかに、すでに述べたように、そうした事情を勘案し交付金の使途については制度変更もあったとはいえ、「焼け石に水」であった。柏崎市に限ることではないが、原発立地自治体においては皮肉にも「財源に恵まれながら、財政が悪化する」ということが生じている[13]。

柏崎刈羽原発においては、原発建設が矢継ぎ早に行われたが、多くの場合は必ずしもそうではない。一〇年程度を経てから新号機が建設される場合がある。それには、既にみたように、原発による財政収入の増加が一時的なものであるとともに、膨張した財政規模はなかなか収縮させることができないという構造が背景にある。歳入が時間を追って「のこぎり歯」のような構造であるものの、歳出はそのようにはならない。原発による財源が減少すると、あるいはそれが明確になると、新号機の建設を誘致するというインセンティブが働くわけである。

2　原発の発電コスト、および地域経済

原発に関する「経済神話」の一つとして地方の「財政」を考察してきた。次いで、「経済」の問題についてみてみよう。実は、原発の経済神話という場合には、前述の財政の問題を別として、さらに二つのものが混在している。

その一つは、燃料を輸入に頼る火力発電とは異なり、原発ではその必要がなく[14]、また何よりも原発は発電コストが低いという類いの「神話」である。そしてもう一つは、たとえ原発の発電コストが安価でなくても、原発の立地地域においては経済が潤うというものである。すなわち、先の財政の事情の他、漠としているが原発に関連する産業が増大することによって、たとえばその地域の雇用が増加し、人口減少に歯止めがかかるといった好循環が生まれるという神話に他ならない。

まず一つ目の発電コストの問題から検討しよう。

a　原発の発電コスト

福島原発の事故（「3・11」）が発生する前には、政府や電力会社はこぞって原発の経済性を強調してきた。既にみた、クリーン、安全とともにコストという経済性が切り札にされてきた。そして、「3・11」以降もそうした議論はトーンダウンしたといえども変わらない。

また、範疇としてはやや異なるが、福島原発の事故処理費用をはじめとした費用を誰が払うのかという問題がある。直接的な発電費用以外のコストは巧妙に隠されている。こうした点も神話を成立させている背景にある。

まず、原発のコストについて検討する。こうした問題はすでに研究がなされてもいるが、基本的な論点を確認することは必要であろう。

政府は、これまでも、「コスト等検討小委員会」（二〇〇四年）、「コスト等検証委員会」（二〇一一年、二〇一二年）などにおいて、各種の発電コストを算出し、公表している。最近のものは、「発電コスト検証ワーキンググループ」による『長期エネルギー需給見通し小委員会に対する発電コスト等の検証に関する報告』である[15]。

これは福島原発事故後の報告書であり、事故による種々の費用の増額が実際に生じているが、それらは必ずしも適切に反映されていない。そして、相変わらず、各種の発電方式の中で原発の発電コストが最も低いとされている。たとえば、石炭火力による発電コストは一二・三円（kWh当たり、以下同様）で、同様に、ＬＮＧ火力は一三・四円、一般水力は一一・〇円となっている。さらに、自然エネルギーによる発電コストは軒並み二〇円ないしそれ以上となっている。そうした中で、原発による発電コストは、一〇・一円だというわけである。

しかし、このように示された値には納得できない点が様々にある。こうした点を検討しよう。まず、政府による発電コストの内訳をみてみる。

先の『報告』によれば、各種の発電コストの内訳は、以下のように分類されている。①資本費（建設費、固定資産税、水利使用料、設備の廃棄費用）、②運転維持費（人件費、修繕費）、③燃料費、④CO_2対策費用、⑤追加的安全対策費（原子力）⑥事故リスク対応費用（原子力）、⑦排熱利用価値、⑧政策経費（発電事業者が発電のために負担する費用ではないが、税金等で賄われる政策経費のうち電源ごとに発電に必要と考えられる社会的経費）。すなわち、原発にそくしていえば、「原発の発電コスト＝発電費用（上の①②③）＋社会的費用（⑤⑥⑧）」となる。

また、これらを前提とした計算は、平準化発電原価（ＬＣＯＥ）という方式で示される[16]。具体的には、「評価時点で、原発を新規に建設し」、「40年間運転したときの」、「kWh当たりの費用」として計算されるのである。[17] このような前提で導出された値が、「一〇・一円（kWh当たり）」というものであった。

もう少し細目をみてみよう。先の『報告』によれば、「一〇・一円（kWh当たり）」の内訳は次のよう示されている。原発の発電コストは、大別して発電費用と社会的費用とに分けられることは既述した。前者の内訳は、「資本費」が三・一円、運転維持費が三・三円、追加的安全対策費が〇・六円、核燃料サイクル費が一・五円となっている。また、後者の内訳は、政策経費が一・三円、事故リスク対応費用が〇・三円と示されている。これらを合計すると一〇・一円（kWh当たり）になるというわけである。

しかし、ここで直ちに疑問が生ずる。主に大島堅一の「資料」を参考にしながら検討しよう。[18]

まず、第一に「資本費」を三・一円としている点に疑問が生じる。たとえば現在建設中のイギリスの「ヒンクリー・ポイントC」原発の資本費は安全性を高めることに伴って莫大になっている。[19] この原発は、二基で三二〇万キロワットの発電能力を有するものだが、その費用は二四五億ポンドに達するとみられている。これを単純に日本円で単価計算するとkWh当たりにすれば九・九円になる。日本で見積もられている資本費の三・二倍に当たる。

第二には、事故リスク対応費用にも問題がある。『報告』においては、事故リスク対応費用を〇・三円（kWh当たり）としている。これは、二〇一一年のそれが〇・五四円だったので、それと比べるとかなり低く見積もられていることになる。原発事故があったにもかかわらずどうしたことか。その論理は次のようだ。すなわち、二〇一一年よりも「追加的安全対策費」を高く計上しているので（二〇一一年の〇・二四円から二〇一五年の〇・六円へ）、それだけ事故発生の確率が下がったというわけである。

しかし、少なくとも今回の福島原発事故を考慮するとあまりに実体からかけ離れた数字である。政府は、当初では福島原発事故の処理費用を一一兆円としていたが、二〇一七年には二二兆円という試算を公表している。もっとも、日本経済研究センターの独自試算によれば、五〇～七〇兆円を要するとされている。[20]大島は、「現時点」での費用として二三・五兆円をあげ、それを前提とすれば、「追加的安全対策費」は少なくても一・六円（kWh当たり）になるという。今後、事故処理がどのように進み、それによって費用がどの程度になるか、全く見通しが立っていない。

　以上、二点にのみ関して検討を加えたが、それだけでも原発の発電コストは大きく跳ね上がる。大島の「簡単な原発コスト試算」によれば、現実の配電費用は、「資本費九・九円＋運転維持費三・三円＋核燃料サイクル費用一・五円＋政策経費一・三円＋事故リスク対応費用一・六円」で、都合一七・六円（kWh当たり）となっている。これは、福島原発事故の処理費用等がかなり低く見積もられた値だが、それでも先に見た、石炭火力、ＬＮＧ火力、一般水力の発電コストのどれと比べても割高になっている。

　このようにみると、原発の発電コストが安価でないことは明白である。しかし、問題の根は深いところにある。割高の原発の発電コスト、そして何よりも福島原発事故の処理費用を誰が支払うのかという問題にも繋がる事柄である。

　いわゆる産業公害などでは汚染者負担の原則がある。汚染者負担の原則から考えれば、汚染者である東京電力が費用を負担するべきである。しかし現状では、福島原発事故対応費用は国家の一般会計予算や電気料金に転嫁されており、実質は国民の負担となっている。

　また、電力自由化が進んだ場合、上のように電気料金の原価に原発事故対応費用を転嫁することができないため、送配電使用料に転嫁されると考えられている。しかし、こうした問題は企業内の問題であるとされ、送配電使用料の変更などに関しては、国会などの公の審議の対象とならない点でも大きな問題を含んでいる。原発の発電コストが様々な形でみえにくくされているといわざるを得ない。

b　原発と地域経済

すでに述べたように、原発の経済神話の一つに地域経済への貢献という期待にも似た議論がある。すなわち、原発の発電コストが高いか否かとは別に、原発がある地域に建設されると、その地域の経済に好影響をもたらすというものである。すでにみた、財政とは別に、地域の民間経済が原発による直接的および間接的な波及効果によって拡大するという「神話」が存在しているのである。

以下、福井県と新潟県の二つの例を紹介しつつ検討したい。

ⅰ福井県（敦賀市、美浜市）の事例

まず福井県の例を検討しよう。福井県には敦賀市、美浜市、高浜市、おおい町の四自治体に一三基の発電用原子炉と新型転換炉「ふげん」、高速増殖炉「もんじゅ」がある。もっとも、それらは、廃炉が決定しているものも含め、現在のところ全て稼働を停止している。

ここでは、原子力市民委員会（二〇一七）『原発立地地域から原発ゼロ地域への転換』を参考にしつつ、敦賀市、美浜市における原発と経済について検証したい。マクロ的な観点とミクロ的な観点からみてみよう。

まずは、マクロ的な観点からである。地域経済への直接効果の中心を占める電力会社の事業支出をみてみよう。以下、いずれも二〇一〇年の統計値である。電力会社の事業支出は、総額で約一七一三億円だが、そのうち地元（敦賀市、美浜市）企業に対する支出は約二七一億円で約一六％に過ぎない。大部分は地元外の企業に対する需要となっている。電力会社の事業支出のうち六〇％は製造業に発注されているものの地元の製造業に対する発注は微々たるものである。地元の小規模の製造業には原発関連の需要を満たすものがないということであろう。

では、地元に発注される二七一億円の内訳はどうか。地元に発注される多くは「サービス」、就中「対事業所サービス」であり、約二五〇億円に達する。地元に発注される総額の九二％を占めることになる。この対事業所サービスの主な事業内容は原発の定期検査時の保守・検査業務の「労務サービス」である。ここで留意すべきは、当該自治体に営業所や出張所を置くものの本社は地元外にある企業もあるが、それへの支出も含まれていることである。そのため、実際に地元企業に発注される事業費は約二五〇億円よりも低いと考えられる。

また、地元の自治体から財政支出として建設業に発注される金額は約四七億円にのぼる。この財源の多くは、先にみた電源三法交付金や原発に伴う固定資産税などにあることはいうまでもない。ともあれ、これらを含めると直接効果は約三三八億円になる。

では、直接効果と間接効果を合算した全体の経済効果はどうだろうか。間接効果は直接効果から産業連関を通じて波及し各産業にもたらされるので、地域の産業連関が濃密であれば各産業に及ぶ波及効果は高くなるはずである。

構成比をみると、全体の経済効果の六五％はサービスが占めている。この値は、先の直接効果の比重よりは若干下がっており、それは商業や対個人サービスにおいて間接効果が生じているからである。定期検査時に流入する作業員の消費活動が主なものと考えられる。そして、これら全体の経済効果を合計すると、約四五二億円になっている。

これを域内の地域経済からみるとどの程度の比重をもっているのだろうか。ここで、域内の経済とはこれまでと同様に、産業連関表から導かれた敦賀市と美浜町の経済規模を指す。その経済規模は約二、八五五億円とされているので、先の原発の立地による経済効果の約四五二億円をそこに位置づけると、およそ一六％に留まる。

電力会社の地元企業への発注状況、受注する地元企業、そして、地域経済における比重のどの観点からも原発

	原子力関連事業所と取引がある 192(48%)							原子力関連事務所と取引がない
	既に影響がある	内訳					今後影響が出てくる	
		10%以下	11～20%	21～50%	50%以上	無回答		
合計	142(36%)	41(10%)	16(4%)	47(12%)	25(6%)	13(3%)	50(13%)	208(52%)
建設業	52	8	6	26	11	1	18	
卸・小売業	31	15	2	6	5	3	14	
製造業、運輸業、飲食・宿泊業	31	8	5	9	5	4	4	
その他サービス	28	10	3	6	4	5	14	

資料：原子力市民委員会（2017）『原発立地地域から原発ゼロ地域への転換』より転載

〔表3〕原子炉の長期運転停止による影響

は、波及効果に乏しいわば「飛び地」的なものといわざるを得ない。

以上は、マクロ的な観点からのデータだが、ついでミクロ的にみておく。地元企業がどの程度、原発に依存しているかに関してである。先の『原発立地地域から原発ゼロ地域への転換』において、敦賀商工会議所の「原子力発電所関連業務の影響に関するアンケート調査」の結果が示されている〔表3〕。

これは敦賀商工会議所の会員に対して、敦賀1、2号機の運転停止以降、原子炉の長期運転停止による売上や雇用への影響について調査したものである[21]。それによると、回答のあった四〇〇企業中、原発関連事業所と取引がある企業は一九二社で、全体の四八％であった。取引のある企業には、電力会社から事業発注を受ける企業のみならず、電力会社社員や定期検査の作業員の消費活動が売上に貢献している企業も含まれている。つまり、多めに計上した値である。

さてそこで、原子炉の長期運転停止による影響についてだが、「既に影響がある」と回答したのは、四〇〇社のうち一四二社（三六％）である。そのうち最も影響が大きいと考えられる企業は、「五〇％以上」と回答している二五社（六％）である。その二五社の内訳は、「建設業」一一社、「卸・小売業」五社、「製造業、運輸業、飲食・宿泊業」五社、「その他サービス」四社となっている。

みられるように、長期運転停止によって影響を受けている企業は必ずしも多くはない。現在、原発関連事業所と取引のない企業の中には、それ以前の経営方針を変えて、新たに事業展開した企業もある。たとえば、敦賀市のある民宿は、対象顧客を定期検査の作業員から観光客に変更し、観光客向けに客室を改装した。改装後は観光客が入るようになり、原子炉の運転停止による影響は全く受けなかったという。

このようにミクロ的にみても原発との関連性は希薄だが、むしろ問題は、別のところにある。原発の再稼働の有無にかかわらず、地元企業は厳しい経営状況にあるのが実体であるという。地元の商店街は、大型店舗やディスカウントショップの出店、そして人口減少による影響を受け、中には廃業に追い込まれる店も出てきていることのことである。原発の停止よりも他の要因の影響の方が大きい。

ii 新潟県（柏崎市）の事例

柏崎刈羽原発をめぐって、新潟日報社は、二〇一五年に地元の一〇〇社を無作為抽出により選び出し、聞き取り調査を行った。先の『崩れた原発「経済神話」』にその内容が示されている。きわめて直截、単純にミクロ的な観点から調査が行われたといえる（表4）。ここでは、それに基づき、検討を加えよう。

調査は、七つの項目において行われた。まず端的に「原発の停止で、売上げの減少はあるか」（第1問）を問う質問では、「ある」が三三社となっている。売り上げが減少したと回答した三三社のうち、具体的な減少幅について一社が「五割」と答えた。次いで六社が「一〜三割」とし、それ以外は「一割未満」「分からない」などだった。原発の停止による売上げの大幅な減少を被った企業は、一割程度と判断される。

次いで、「三〇年前と比べ、会社はどう変化したか」（第2問）の問には、「拡大した」と答えた企業は三五社にとどまり、「縮小した」という企業は四二社だった。理由として多かったのは「時代の変化」や「景気の影響」

質問番号	質問内容	回答（会社数）		
1	原発の停止で、売上げの減少はあるか	ある 33	----	ない 67
2	30年前と比べ、会社はどう変化したか	拡大 35	ほぼ一定 16	縮小 42
3	原発建設、運営、定期検査の仕事を受注したことはあるか	定期的に受注 14	何回か受注 20	ない 64
4	原発交付金が投入された事業を受注したことはあるか	受注 8	あるかもしれない 4	ない 86
5	原発ができたことによって、間接的な売上増はあったか	あった 43	あったかもしれない 9	なかった 48
6	原発が再稼働すれば、売上げは増えるか	はい 23	分からない 27	いいえ 50
7	原発の安全性が確認されたら再稼働を望むか	はい 66	判断できない 11	いいえ 16

注）選択肢を3つ以内に絞っているので、合計が100にならない場合がある。

資料：『崩れた原発「経済神話」』より作成

〔表4〕柏崎刈羽原発をめぐる新潟日報社の聞き取り調査

であり、そもそも地域の人口が減っていることの影響を指摘する声も複数あったという。柏崎市の人口は、原発全七基の完成前の一九九五年をピークに減少に転じ、今では三〇年前より五、〇〇〇人少ない。また、柏崎市の事業所の数も、やはり一九九〇年代をピークに減少しており、三〇年前よりも三〇〇社以上減ったという。[22]この三〇年間の原発による経済効果は、希薄であった。

では、具体的な地元企業に対する発注はどうであったか。原発との関連で、直接的な受注（第3問、第4問）をたずねる質問では、一割程度は受注しているが、七割程度は受注していないという回答である。[23]前者の直接的に受注している企業は、原発のメインテナンスにかかわる企業の下請けや、「たいした技術もいらず気が楽」な仕事が回ってきたという。受注が、「たいした技術もいらず気が楽」な仕事ということになると、釈然としないものがある。また、交付金による支出は、当然にも建設業が中心となるが、それを受注する地元企業は少ない。しばしば指摘されることだが、大型の公共事業を地元で請け負うことのできる企業は多くはないのである。

また、間接的な売上げを問う質問（第5問）においては、「あった」が四三社と、先の直接的な受注の件数より多くなっており、波及効果が働いているといえる。原発の工事中では、当然ながら建設作業員で賑わい、また定期検査の際にもその作業員は少なくない。二〇〇五年以降でも原発構内で働く作業員などは、月あたり四、〇〇〇～五、〇〇〇人規模であったという。このため、飲食や宿泊を中心としたサービス業や小売業が賑わうことになる。ただ、その効果も、年間売上げの「数パーセント」や「わずか」と答えた企業が多かったという。間接的な効果が「なかった」との回答が四八社なので、波及効果は限定的だといえよう。

したがって、「原発が再稼働すれば、売上げは増えるか」（第6問）との問には、「はい」は二三社、「いいえ」が五〇社という結果になっていることも当然かもしれない。

しかし、最後の質問事項である「原発の安全性が確認されたら再稼働を望むか」（第7問）には、意外な結果となっている。「はい」が六六社にたいして、「いいえ」が一六社に留まっている。「はい」と回答した企業の理由は「地元活性化」だという。これまでの回答からは、原発が地元の活性化に寄与した事実が多くないことは明らかだが、こうした「神話」は依然と存在しているといわなければならない。なお、「いいえ」と答えた企業では、原発事故の問題、そして国や東電に対する不信感があげられているという。

この新潟日報社の調査は、質問項目が直截であるとともに単純でもあり、それゆえ問題の核心を捉えたものとして波紋を投げかけている。端的にいって、原発の経済波及効果は限定的で、したがって運転停止の影響も少ない。にもかかわらず、あくまでも企業からの判断ではあるものの再稼働を望む声は相対的に多いということであろう。

3　結語

これまでの議論をまとめ一定の結論を導いておきたい。

大まかにいって、「経済神話」には財政に関する神話と経済に関する神話に大別できる。

まず財政を検討した。原発の立地自治体にとっては、電源三法による歳入と固定資産税などの税金による歳入が巨額になる。そして、そうした格別の歳入増から歳出の規模も拡大する。それは、電源三法による交付金の使途が限定されていたことも影響して、しばしば「箱モノ」と呼ばれる公共事業に集中するものになった。そして、その「箱モノ」を維持する費用も莫大になっていった。

また、この歳入はいわば「のこぎり歯」のように変動するので、拡大した歳出を賄うには次号機を誘致せざるを得ない構造が生じることになった。こうした構造をもつゆえ、原発による歳入は、しばしば「輸血」や「麻薬」と呼ばれる。一旦、原発が立地されると同地域にさらに原発が誘致されるのにはこうした財政の構造がある。

ついで、原発と経済を検討した。ここで経済とはいわゆる発電のコストと地域経済に及ぼす影響に区分できる。まず前者についてみると、福島原発事故後の現在でも政府は原発の発電コストはもっとも低いと喧伝している。しかし、これは立ち入ってみれば根拠のないものであることが示された。

ところで、最後の問題は、地域経済の問題である。たとえ原発の発電コストがどうであれ、地域にとっては原発の誘致による経済波及効果が見込まれ、当該地域を活性化することに寄与するという期待である。だが、福井県（敦賀市、美浜市）と新潟県（柏崎市）の事例で明らかなように、こうした期待は「神話」以上ではない。というのも、原発の建設においても保守点検においても、それから生じる需要は原発立地自治体の企業には向けられない。建設業であっても製造業であっても、地元で原発による需要を満たすような企業はほとんど存在しないからである。原発関連の労働者に対するサービス業が需要を満たすに留まる。原発は地域経済にとっていわば「飛び地」になっている。

しかしながら、企業アンケートの最後の質問に対する回答、すなわち企業サイドからとはいえ原発の再稼働を望む声が相対的に高いことは重要な意味をもつ。これまで明らかにしたように、原発は地方財政にとっては「輸血」

であり、地域経済にとっては「飛び地」であって、それ以上ではないことが示されているにもかかわらず、原発の再稼働を望む声は一定程度存在しているのである。原発神話の内実、その虚構性が隠蔽されたままであると認めざるを得ない。それゆえ、こうした問題に正面から取り組んでいくことが、大きな課題であろう。

【注】

(1) 鈴木耕(二〇一一)は、原発はいらない「二〇の理由」として、以下のように整理している。①原発は地域社会を崩壊させる、②原発マネーが地域財政をいびつにする、③原発は人々を豊かになどしない、④日本の原発事故は連鎖する、⑤原発は地震にさえ耐えられない、⑥「ウソつき」に原発はまかせられない、⑦反原発派は脅される、⑧東電が全原発を止めても電力不足にはならなかった…、⑨「原発電力が3割」はほんとうか?、⑩原発をチェックできない規制機関、⑪原発が「多重防護」で守られているという妄信、⑫放射性物質放出の恐怖、⑬「内部被曝」こそ危険、⑭活断層上の原発、⑮「発送電分離」で原発はいらなくなる、⑯自然エネルギーとスマートグリッド、⑰代替エネルギーはたくさんある、⑱原発の電気代はものすごく高い、⑲諸外国は脱原発へ、⑳原発は日本を滅ぼした…。これらの内、①⑦⑲等を別とすれば、ほぼ本稿の「三つの神話」に包摂出来る。

(2) 発電開発の促進のため、電気事業者に電源開発促進税を課すことを定めた法律。この電源開発促進税は、電気料金に組み込まれているので、「電気事業者に…課す」といっても、実際には課税対象者は消費者である。

(3) 電源開発促進対策特別会計法は、石油およびエネルギー需給構造高度化対策特別会計(石油特会)と統合され、二〇〇七年には「エネルギー対策特別会計」に改められた。電源開発促進税法による収入を財源として、各種の交付金や補助金などを交付するための会計である。

(4) 発電用施設設置地点周辺の自治体における公共用施設整備計画に対する交付金の交付などが規定されている。

(5) 小池拓自(二〇一三)

(6) 全国市民オンブズマン連絡会議(二〇一一)

（7）経済産業省（二〇〇四）
（8）また、「発電所立地によるメリットは、このモデルケースにあげられた交付金以外にも各種交付金や補助金が活用できるほか…」と、さらなる「おまけ」を匂わす文言もある。
（9）既述したように、各団体では歳入が時間を追って「のこぎり歯」のような構造なので、バラツキが生じるといえる。
（10）各号機の概要については、東京電力ホームページに掲載されている。いずれも沸騰水型で、出力は一一〇〜一三五・六万kWと大型である。なお、建造会社は、各号機により違いがあるが、東芝、日立、ＧＥとなっている。
http://www.tepco.co.jp/kk-np/about/outline/index-j.html
（11）池田千賀子（二〇一〇）による。
（12）債務負担行為とは、賃借料等の数年度にわたる事業支出、土地の購入等翌年度以降の経費支出や、債務保証又は損失補償のように債務不履行等の一定の事実が発生したときの支出を予定するなどの、将来の財政負担を約束する行為をさす。
（13）新潟日報社（二〇一七）
（14）原発の燃料であるウランは、かつて国産を目指したことがあったものの、現実には一貫して輸入に頼るほかない。その意味で、石油やガスの輸入と同様である。しかし、核燃料サイクルによって、当初はウランの輸入は必要なものの、プルトニウムを再利用することによってウランの輸入は僅かで良いということが喧伝されたことがある。すなわち、原発は、「準国産エネルギー」だという主張である。しかし、そうした核燃料サイクルはすでに破綻していることはいうまでもない。
（15）発電コスト検証ワーキンググループ（二〇一五）
（16）平準化発電原価は、しばしばＬＣＯＥとも示されるが、Levelized Cost of Electricity の翻訳である。
（17）これを式で表示すれば、「ＬＣＯＥ＝（発電費用＋社会的費用）／４０」となる。
（18）以下のデータは、大島堅一（二〇一八）による。
（19）ヒンクリー・ポイント原子力発電所（Hinkley Point nuclear power station）は、イギリス、サマセット州にある。ヒンクリー・ポイントＣ原発は建設中であり、当初は二〇二五年から電力供給が開始される予定であったが、二七年以降に延期された。明確な見通しは立っていない。

(20) 日本経済研究センター(二〇一七)

(21) 敦賀商工会議所では、会員に対して敦賀1・2号機の運転停止以降に「原子力発電所関連業務の影響に関するアンケート調査」を実施している。調査は、二〇一二年三月から一六年五月までに計七回おこなわれているが、ここでは関連する第二回の集計結果に基づいている。なお、本調査は、会員一、七四〇企業に調査票を郵送し、四〇〇社(回答率二三・〇%)から回答を得ているという。

(22) 柏崎市は、二〇〇五年に市町村合併をしている。

(23) ここでは、分かりやすくするために、第3・4問の答えを単純平均した。

Ⅱ　女川原発と町経済・町財政

菊地　登志子

1　女川原発

女川原発は、宮城県牡鹿郡女川町と石巻市に立地する東北電力の原発である。女川町議会が原発誘致を決定したのは、一九六七年九月三〇日であった。それを受けて、東北電力は翌年の一月五日に「原子力発電所建設地点として女川を決定」と発表した。これに対し、雄勝町議会や女川町漁協、出島漁協などが原発反対を決議し、反対陳情やデモが続いた。しかし、次第に原発埋立工事の同意書に調印する支部が増加し、最終的には一九七九年一二月、「安全の確保」を条件に本格工事の着工に至った。(1) その後、〔表1 次頁〕に示すように2号機、3号機が増設され、女川町は原発の町となったのである。

二〇一九年五月現在、女川原発は、廃炉が決定し運転を終了した1号機も含めて、三基とも定期検査中となっている。(2) ただし、2号機は新規制基準適合性の審査中で、東北電力は審査終了とともに再稼働する予定である。この状況を受けて、河北新報社は、二〇一七年八月、女川原発2号機の再稼働について、宮城県内の有権者を対

	女川1号機	女川2号機	女川3号機
認可出力（万kW）	52.4	82.5	82.5
原子炉設置許可	1970年 12月	1989年 2月	1996年 4月
工事着工	1979年 12月	1989年 8月	1996年 9月
運転開始	1984年 6月	1995年 7月	2002年 1月
2019年3月末の状況	定期検査中	定期検査中	定期検査中
備考	2018年12月21日 運転終了	新規制基準 適合性審査中	

〔表1〕女川原発の概要

出典：女川町HP「原子力年表」「女川原子力発電所の概要」より作成
http://www.town.onagawa.miyagi.jp/

象に世論調査を行った。再稼働に「反対」「どちらかといえば反対」を合わせた反対意見は、全体として六八・六％に上ったのに対し、女川町だけに限ると賛成が六〇％近くに達した。賛成とした町民があげた理由は「地元経済への影響が大きい」がもっとも多く、五九・二％も占めた[3]。福島第一原発災害が示したように、事故が起これば地元が一番の被害を受ける。それにも関わらず、地元住民は地元経済への恩恵を〝信じて〟再稼働を選ぶ。「原発は怖いけれど、なくなれば地元経済が立ち行かなくなる」と。しかし、これは作られた「安全神話」と同様、また本章Ⅰの分析結果にも見られるように、まさに作られた「経済神話」に過ぎないのである。

藤田祐幸が統計資料に基づいて原発の来た女川町の分析を行ったのは、2号機が運転を開始した直後の一九九六年であった。藤田は、九六年時点での女川町の人口統計、普通会計の歳入の推移、産業別就業者数などから、原発による地元の雇用はほとんど期待できないこと、町の財政に落ちる金は一時的で、恒常的に財政を支えるものではないこと、地元に下請けなどの関連企業が全く育っていないことを指摘した。その上で、原発は町を豊かにするどころか、若者の流出や地場産業の衰微につながると結論付けている[4]。

また、新潟日報社が二〇一五年に実施した柏崎刈羽（かしわざきかりわ）地域の聞き取り調査と統計分析から、「柏崎の経済に関するデータは、原発による地域振興が『神話』に過ぎなかったことを示している」と報告している。雇用の増加、産業への貢献、波及効果など、データに基づいて分析した結果、「地元経済への恩恵」は根拠の乏しい「神話」に過ぎなかったと結論付けたのである。[5]これは本章Ⅰの分析からも言えることである。

本節では、これらの分析を踏まえ、女川町の最新データに基づいて、人口、産業と雇用、財政の三つの視点から女川原発の「経済神話」の検証を試みる。女川町民が「地元経済への影響が大きい」とした原発による「恩恵」は果たして存在するのであろうか。

2　原発と女川町の人口

a　人口の推移

女川町は、世界三大漁場にあげられる三陸沿岸漁場を控えた漁業の町である。一九二五年に人口八、七六〇人で町制を施行し、その後順調に人口が増加した〔図1〕。しかし、人口のピークは一九六五年の一万八、〇八〇人で、その後

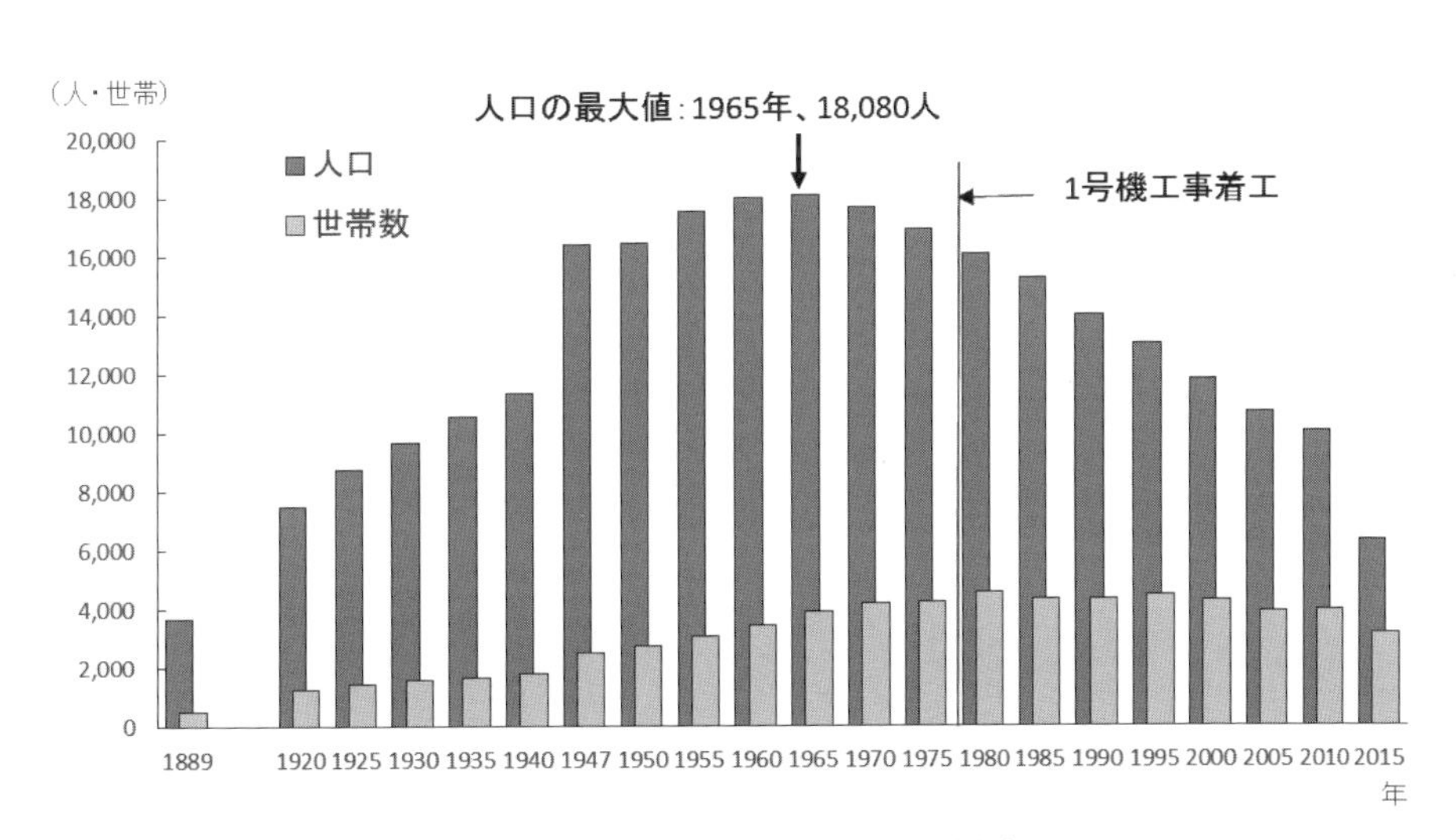

〔図1〕女川町の人口・世帯数の推移

出典：総務省統計局「国勢調査」

一貫して減少している。[6]女川原発1号機の工事着工は一九七九年一二月、運転開始は一九八四年六月であるが、〔図1〕からは着工、稼働による人口増はみられない。なお、一九六五年までの人口増は、日本水産女川工場によるものと考えられる。『日本水産百年史』によると、一九五六年に女川缶詰工場が建設され、鯨、サンマの缶詰、魚ソーセージ・ハム、一九六五年にはラーメン生産も開始したとされている。[7]一九六五年の従業員数は一千人を超え、八割が女川町民であった。しかし、ラーメン工場が撤退した一九六八年以降事業縮小が続き、一九八七年には約一四〇人が焼きちくわ、冷凍食品の生産を続けるのみとなった。一九六五年からの三年間は、「わずかな期間ではあったが、同工場の活況が町の経済全般にわたって与えた波及効果は極めて大きかった」と、女川町誌に記載されている。[8]このように、水産加工業による雇用、経済への波及効果は人口増加に大きく表れている一方で、原発の建設・運転による人口増加はほとんど見られない。

人口減少は、死亡数が出生数を上回る(自然減)か、転出者数が転入者数を上回ること(社会減)で起こる。〔図2〕の女川町の自然動態の推移を見ると、二〇一一年の死亡数が九四一人となっており、東日本大震災がいかに甚大な災害だったかがわかる。しかし、二〇一一年以外の死亡数にはそれほど大きな変化はなく、自然減は出生数の減少によりもたらされたものと言える。少子化は日本全体にみられる現象であるが、女川町の出生数も二〇一七年は二五人と極端に少数である。一方、〔図2〕の社会動態の推移を見ると、一九八二年の異常な転入増を除けば、常に転出者数が転入者数を超えており社会減が続いている。この一九八二年の増加については、藤田が「選挙のための不正な転入であるという可能性が残る」と分析し、「原発関連の新な雇用が発生したとは考えにくい」と述べている。[9]1号機、3号機の工事着工後に転入者がわずかに増加する傾向はみられるが、転入超過となるまでには至っていない。さらに、3号機運転開始後の転入者数は明らかに減少傾向を示している。これらの結果から、

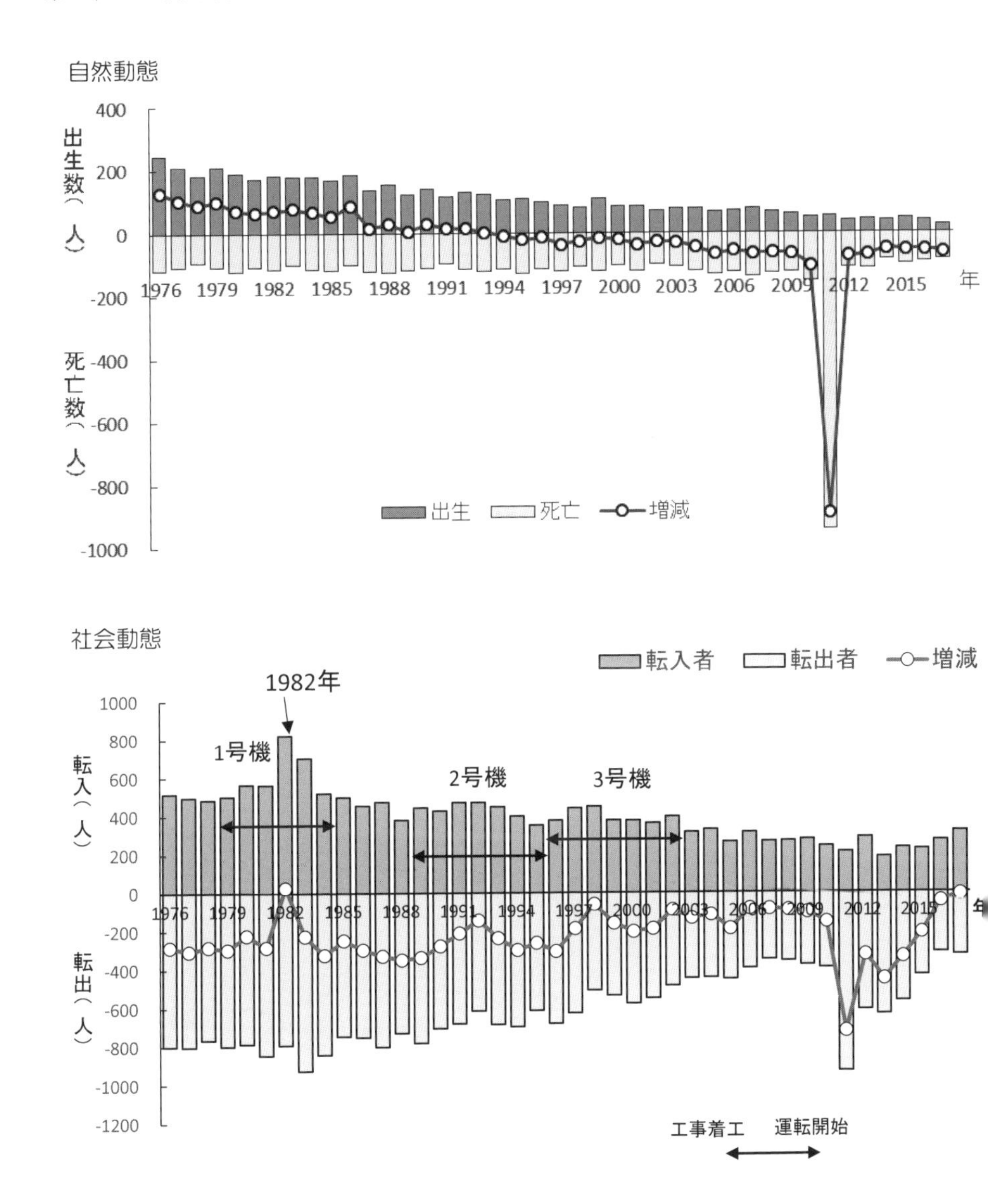

〔図2〕女川町の人口動態（1976年～2017年）

出典：女川町企画課『女川町統計書』

原発は女川町の人口増加につながるどころか、人口減少の歯止めにもなっていないことがわかる。

b　年齢階級別にみた人口の推移

転出者の実態を詳細にみるために、一九五六年から一九八〇年の間に女川町で生まれた人々の数が、年齢とともにどのように変化したのかをみてみよう。〔図３〕は五歳階級別の人口の五年後、一〇年後……、最大五五年後までの変化を表している。〔図３〕の(A)は、一九五六年～六〇年生まれの人々で、年齢が〇～四歳のときの人口は一、七三四人、五年後の五～九歳となったときには一、七四七人、そして、一五～一九歳で一、二四三人、二〇～二四歳では九〇二人まで減少した。この減少がほぼ転出者によるものと考えると、女川で生まれた人々の半分弱が一〇代後半、二〇代前半で女川町を離れたことになる。この若者の転出は一九五六年から一九八〇年生まれを五歳階級別にみたすべてに表れている。少子化により〇～四

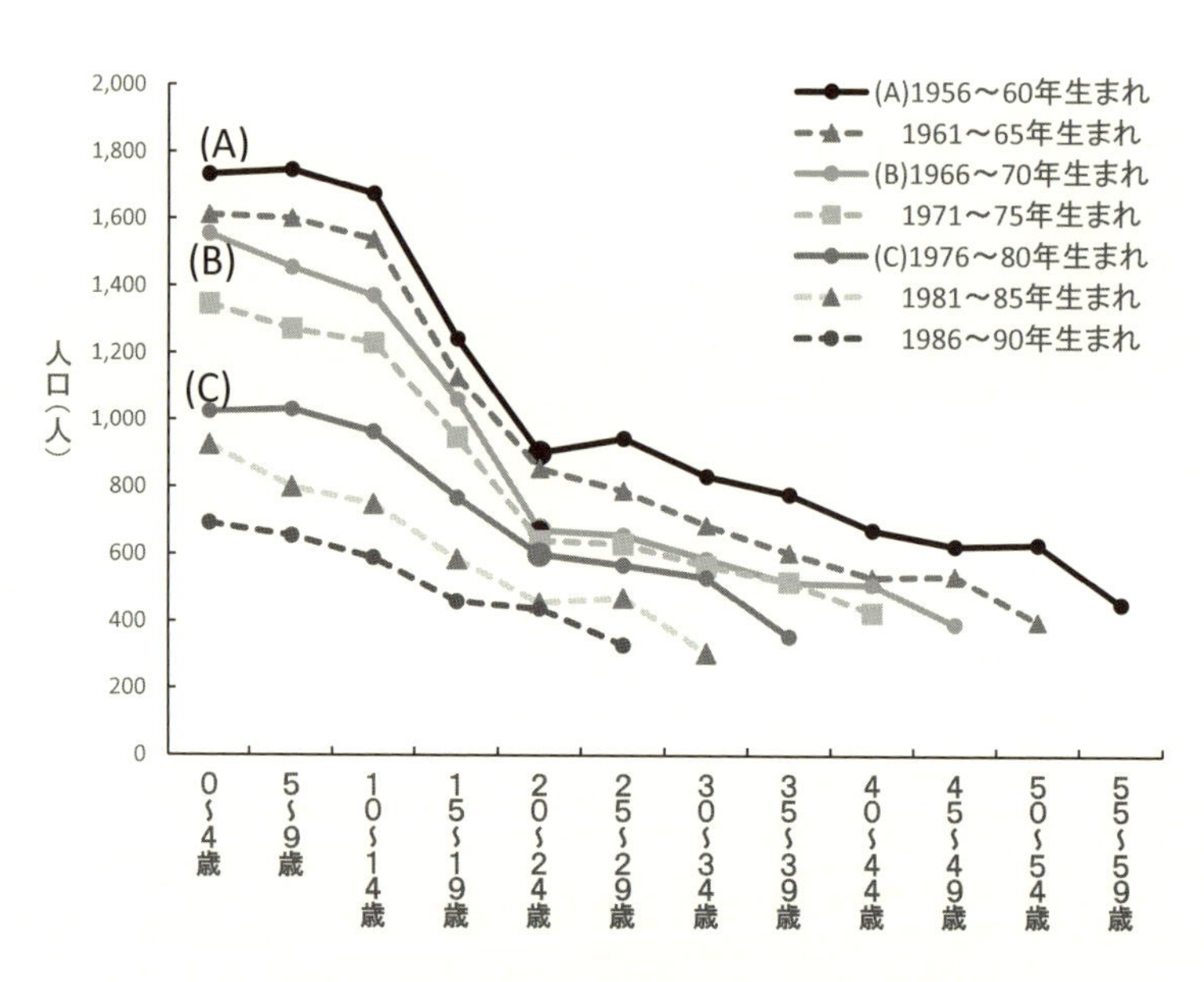

〔図３〕女川町の年齢階級別にみた人口の推移

出典：女川町企画課『女川町統計書』より作成

歳の人口が年々減少しているため一〇代後半、二〇代前半の減少の度合いはやや緩やかになっているようにみえるが、いずれも二〇代のところでほぼ半減している。

女川1号機の工事が始まったのは一九七九年で、〔図3〕(A)の人々はその翌年の一九八〇年に二〇〜二四歳になる。また、(B)の人々は2号機の工事着工の翌年に二〇代前半を迎え、(C)の人々は3号機の工事着工の一九九六年と運転開始の二〇〇二年の間、二〇〇〇年に二〇代前半となる。先に、原発が人口減少の歯止めにもなっていないと記したが、この若い世代が大量に転出しその後戻る傾向がほとんどみられないことが人口減少の要因であり、原発には若者を女川町に引き留める効果がないことがわかる。

この若者の転出は、地方ではどこでも見られる傾向とも考えられる。では、女川町の若者の人口減少と、他の地域の人口減少は同程度なのであろうか。女川町は減少しているとはいえ、他の地域より減少が抑えられているのであれば、原発により人口減少が緩和されているとも言える。そこで、女川町の一〇代後半、二〇代前半の人口減少の傾向を、宮城県、全国郡部と比較した〔図4　次頁〕。〔図4〕では、〇〜四歳の人口を一〇〇とし、五歳階級別人口の推移を年齢階層ごとに表示した。ただし、原発の工事期間に二〇代前半を迎える年代〔図3(A)、(B)、(C)〕のみを示している。

〔図4〕（A）は、一九五六〜六〇年生まれ（1号機着工後の一九八〇年に二〇代前半）の人口の推移である。宮城県では大きな変動はみられないが、女川町と全国郡部の一〇代後半、二〇代前半の減少傾向はかなり一致しているものの、女川町の三〇代以降は全国郡部より減少している。〔図4〕（B）は、一九六六〜七〇年生まれ（2号機着工後の一九九〇年に二〇代前半）の人口で、女川町の一〇代以降の人口流出は全国郡部より多い。〔図4〕（C）は、一九七六〜八〇年生まれ（3号機着工後の二〇〇〇年に20代前半）の人口で、（B）同様、女川町の

10代以降の人口流出は全国郡部より多い。宮城県が一〇代後半、二〇代前半で増加していることと対照的である。なお、〔図4〕（A）の四〇歳以上、〔図4〕（B）の三〇歳以上、〔図4〕（C）の二〇歳以上の全国郡部の急減は平成の大合併によるものと考えられる。

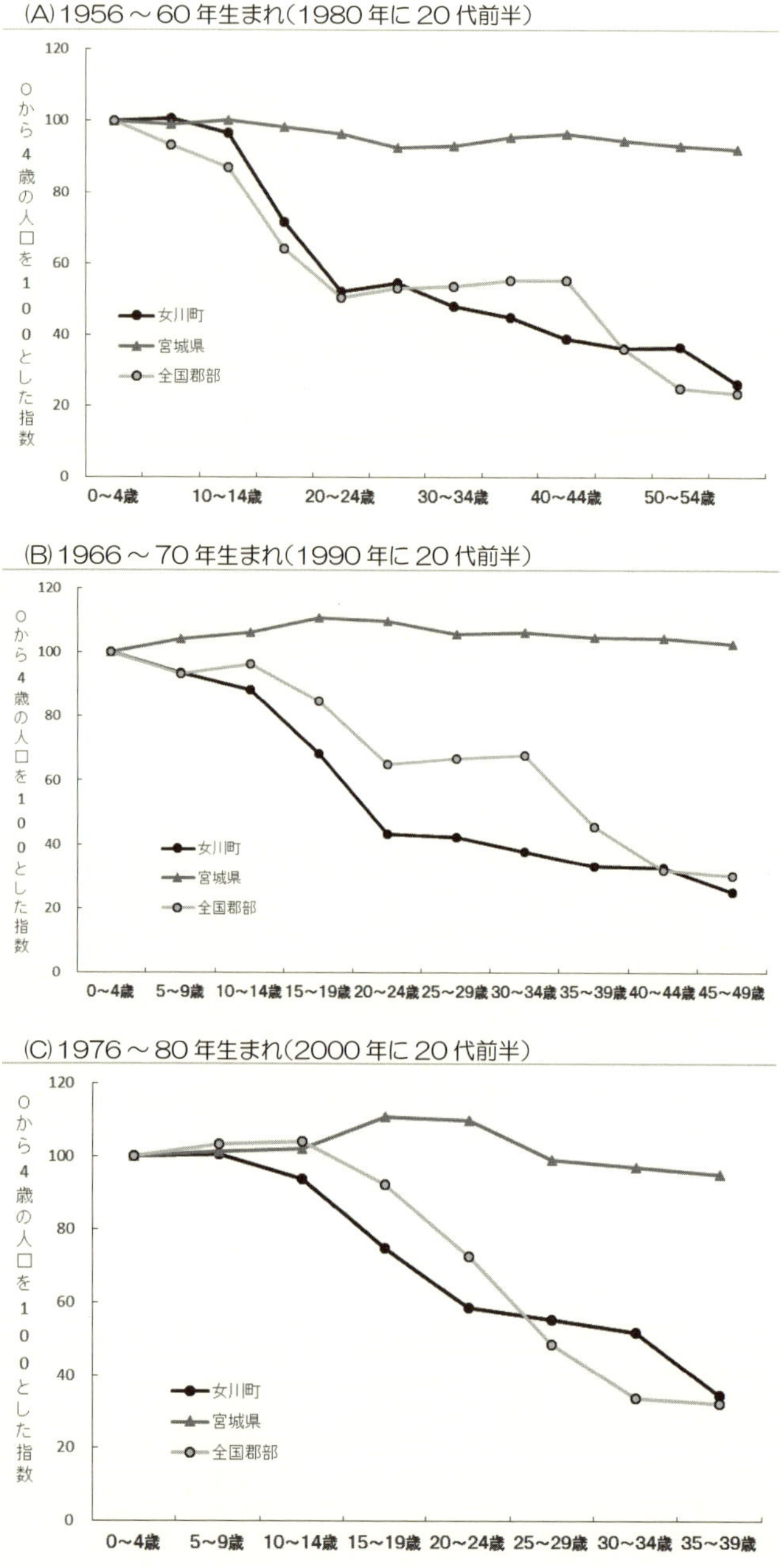

(A) 1956～60年生まれ（1980年に20代前半）

(B) 1966～70年生まれ（1990年に20代前半）

(C) 1976～80年生まれ（2000年に20代前半）

〔図4〕年齢階級別にみた人口の推移（宮城県、全国郡部との比較）
出所：女川町企画課『女川町統計書』、総務省「国勢調査」より作成

女川町と、女川町を含む全国郡部の年齢別人口の比較をすると、いずれも成長するにつれて生まれた地を離れていく様子がわかる。しかし、その減少の度合いは女川町のほうが大きい。女川町は全国郡部に比べると人口規模が小さいため比較には注意を要するが、原発のない地域も含めた郡部全体と比較しても、女川町のほうがより人口流出の度合が大きい。やはり、原発は女川町の人口増加にほとんど寄与していないことがわかる。

3　原発と女川町の産業・雇用

a　産業別町内純生産

女川町の産業別町内純生産（一九六七年度～二〇〇〇年度）をみると、生産額は一九六〇年代、七〇年代、八〇年代と順調に増加し、一九九二年の約三五七億四千万円を境に減少、横ばいとなっている〔図5〕。生産額が増加している期間に女川原発1号機の着工、運転開始、2号機の着工がなされたが、2号機運転開始、3号機着工の期間の生産額はやや増加がみられる

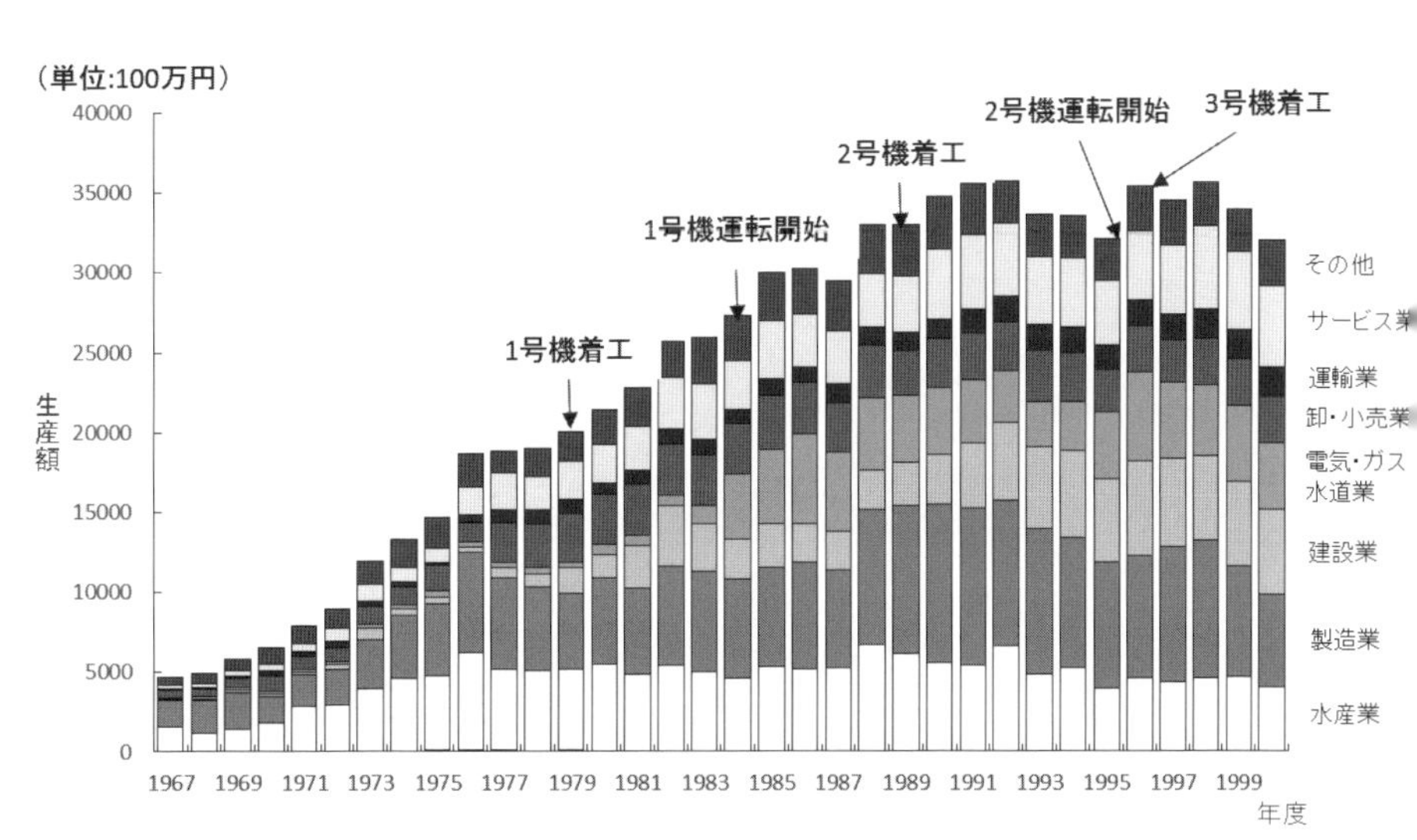

〔図5〕女川町の産業別町内純生産（1967 年度～ 2000 年度）

出典：宮城県『宮城県市町村民経済計算』より作成

程度である。果たして、原発の工事着工によって、また原発が稼働することによって町内純生産は増加したのだろうか。

生産額の増加が何によってもたらされたのかをみるために、生産額の変動が大きかった五つの産業（水産業、製造業、建設業、電気・ガス・水道業、サービス業）について、再度グラフに表したのが〔図6〕〔図7 96頁〕である。水産業、製造業、電気・ガス・水道業の〔図6〕をみると、一九八〇年代末までの水産業と製造業のグラフは、かなり一致した動きを示している。女川町の場合、製造業はほぼ水産加工などの食料品製造業であるため、漁業の動向が大きな影響を及ぼす。〔図6〕の下図に示した女川町の漁業水揚高をみると一九六七年から一九七六年に金額が急増しており、水産業、製造業の生産額の増加傾向とほぼ一致している。その後は、一九七七年に漁業水域を領海基線から二〇〇海里とする暫定措置法が施行されたこと、一九五〇年より事業を開始した日本水産女川捕鯨事業場が一九七七年に廃止されたことなどにより金額の伸びは低下している。ただ、漁獲量は一九八六年に三四万一千トンに達し、一九九〇年には金額として最高の一八三億七千万円を記録した。この九〇年に、製造業の生産額も約九九億円で最高額となった。そして、九〇年以降は水揚高の金額、数量とも減少し、水産業、製造業の町内純生産生産額も減少傾向にある。なお、一九八八年の製造業生産額の伸びは、一九七九年より女川魚市場買受人協同組合が事業主体となる製氷・貯氷施設が創業し、その後の施設拡充で一九八八年には製氷能力が日産二六〇トン、貯氷能力が一日六、八八〇トンまで達したことによるものと考えられる[10]。

一方で、電気・ガス・水道業は原発1号機、2号機の運転開始とともに生産額は増加しているが、水産業、製造業にはこのような傾向はみられない。ただ、1、2、3号機の着工直後に製造業の生産額は一時的にやや増加しており、これが原発による「恩恵」の可能性はあり得る。

〔図6〕水産業、製造業、電気・ガス・水道業の町内純生産と漁業水揚高

出典：宮城県『宮城県市町村民経済計算』より作成

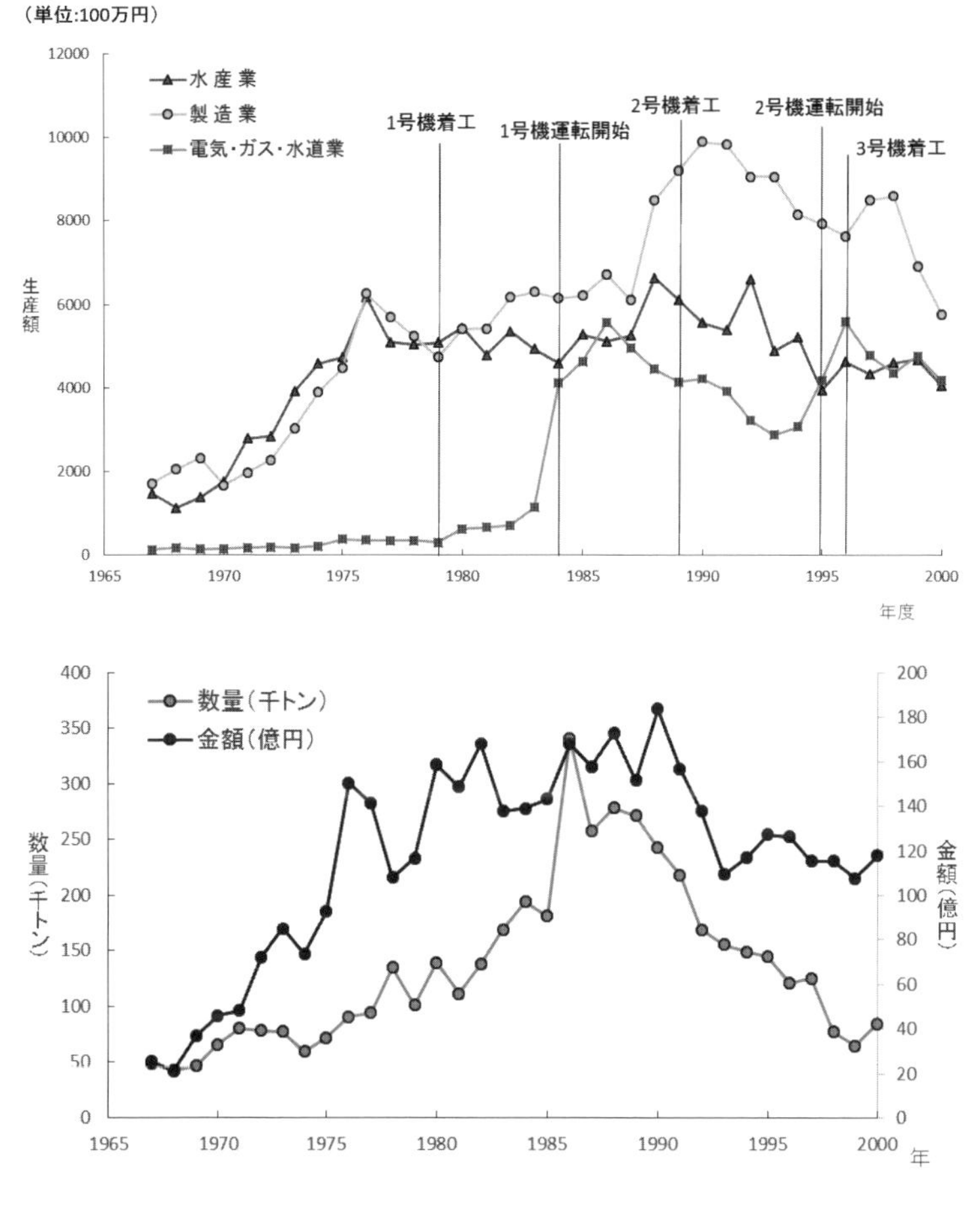

出典：女川町企画課『女川町統計書』

原発に関連する可能性が高いのは、建設業、サービス業と言われている。明日香壽川は「原発地元の産業の中心はいまや建設業とサービス業であり、高度な技術が必要な原発中枢部の仕事は地元企業にはなかなか担えない」としている[11]。原発の「恩恵」は製造業ではなく、建設業、サービス業にあるということになる。そこで、女川町の建設業、電気・ガス・水道業、卸売・小売業、サービス業の町内純生産額を〔図7　次頁〕に再掲する。

〔図7〕を見ると、確かに建設業は、1、2号機の着工後に生産額が増加している。

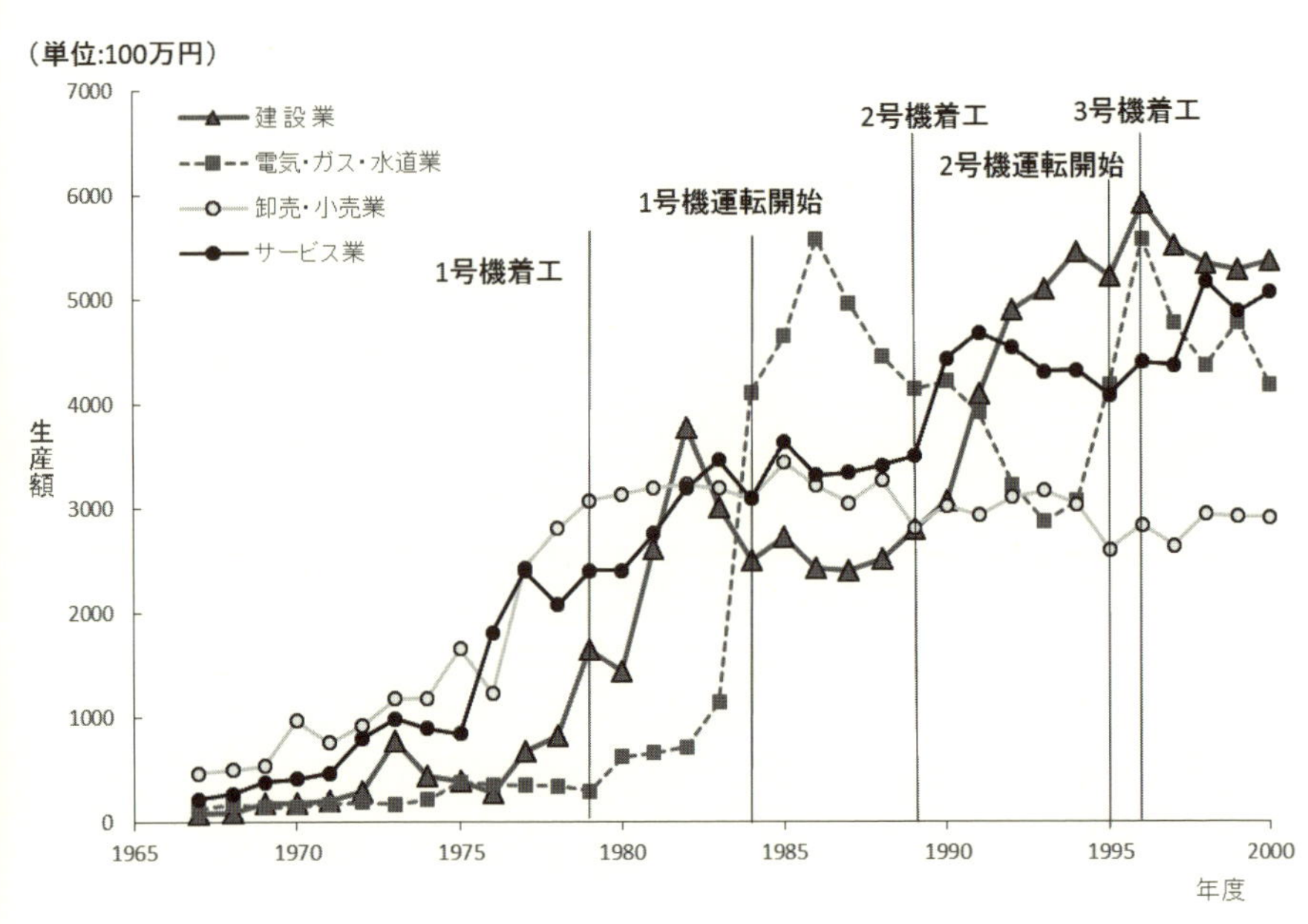

〔図７〕建設業、電気・ガス・水道業、卸売・小売業、サービス業の町内純生産

出典：宮城県『宮城県市町村民経済計算』より作成

ただ、３号機着工後は減少したままである。ここで検討しなければならないのは、この着工の時期と重なるところで、女川町が事業主体となっている公共事業が行われていたことである。いわゆる電源三法交付金による箱モノの建設である。後に示す〔表２ １０６頁〕に記載されているように、一九八〇年から八三年にかけて、保健センター、勤労青年センター、生涯教育センター、総合体育館など、総事業費約二二億五千万円をかけた建設事業が行われた。１号機が着工した一九七九年の翌年からスタートしていることを考慮すると、建設業の八一年、八二年の生産額の増加はこの公共事業によるものと考えられる。同様に、一九八八年から二〇〇一年にかけて、町立病院、水産観光センター、地域福祉センターなどの大規模な公共事業が約一一〇億円の総事業費をかけて行われた〔表２〕。特に、町立病院（約三五億五千万円）のような大規模建設が行われた一九八八年から九三年の期間に、このうちの約七〇億円が投じられた。

建設業の生産額が一九八七年以降急激に増加していくのも、この公共事業によるものと考えられる。その後の公共事業の事業費は約四〇数億円と減少しており、九四年以降の3号機着工後に生産額がそれほど上昇しないのも、原発の工事というより公共事業によるものと考えたほうが妥当である。これらの公共事業の財源は電源三法交付金によって充当されていることから原発による恩恵とも考えられるが、当然将来にわたって継続するものではなく、後に示すように後々これらの施設の維持管理が問題となり、その費用は重く町の負担となってくる。

次に、〔図7〕のサービス業についてもみてみる。サービス業には宿泊や飲食業などが含まれ、これらは原発で働く人々に支えられるところがある程度存在すると推測される。朴勝俊も、福井県を例にして「民宿や飲食店、タクシー会社などが間接的に原発に依存」していると述べている。[12] 女川町のサービス業の生産額は一九七五年以降着工のあたりで増加しながら右肩上がりになっていることから、原発労働者によるものとも考えられる。

卸売・小売業の生産額も一九七五年より増加傾向を示し、八〇年代以降はほぼ横ばいとなる。女川町の場合、卸売・小売業のほとんどが小売業で、飲食料品を扱う商店の割合が高いことから、原発工事関係者の需要もないとは言えない。ただ、女川町誌でも指摘されているように、このような飲食料販売では建設終了に伴う落ち込みは必至のことであり一時的なものでしかない。[13] 新潟県の柏崎刈羽地域における地元一〇〇社のヒアリングでも、サービス業や小売業では客として東電社員や定期検査の作業員が来たり、建設業では社員寮などのメンテナンスの仕事が増えたなどの波及効果をあったとされている。ただ、その波及効果は、年間売上高の数パーセント程度と答えた企業が多かった。[14] このことからも、原発の「恩恵」は全体としてみればそれほど大きなものではなく、また一時的でしかないことがわかる。

女川町の水産業、製造業は、町内純生産のかなりの割合を占める重要な産業である。しかし、これらの産業の生産額は、原発による「恩恵」というより漁業（水揚高）そのものに連動して増減している。一方で、建設業や、サービス業、小売業は、一時的ではあるが、ある程度の「恩恵」を原発から受けているとみられる。ただ、「2 原発と女川町の人口」でもみたように、女川町の若者の流出度合いは全国郡部より激しい。したがって問われるのは、原発の「恩恵」を受けた可能性のあるこれらの産業が、新たな雇用を生み出せたのかという点である。

b　産業別就業者数

原発の誘致で雇用が増えると考える人は多い。女川町にも新たな雇用が生み出されたかどうか、それを検討するために、女川町の産業別就業者数の推移（一九六五年～二〇一五年）を〔図8〕に示す。就業者数はほぼ減少傾向で、最大値は一九七〇年の八、五〇〇人である。それ以降は、1号機工事着工翌年の一九八〇年に前年より三〇人増加した以外すべて減少となっている。

産業別にみると、漁業就業者数がもっとも大きく減少し、一九六五年の二、七七七人が二〇一〇年には七二四人、東日本大震災後の二〇一五年には三五六人にまでなった。〔図6〕と比較すると、水揚高や水産業の純生産額がそれほど大きく減少していないところでも、就業者数は減少の一途をたどっている。ただ、第一次産業の衰退は日本全体でみられることでもある。

全産業のなかで就業者数が増加傾向を示した産業は、建設業、サービス業、電気・ガス・水道業である。これらに製造業と卸売・小売業を加えて、再度グラフに表したのが〔図8〕の下図である。製造業は漁業の次に就業者数が大きく減少した産業であるが、就業者数は一九六五年から一九九〇年の間ではそれほど変動はなく、一九九〇年以降減少に転じている。製造業は一九九〇年ごろまで町内純生産額がもっとも大きく増加した産業だが、この間の就業者数は増加することなくほぼ横ばいであった。

これらの産業の就業者数を原発の着工時期で比較すると、1号機着工後の一九八〇年に、建設業の就業者数が

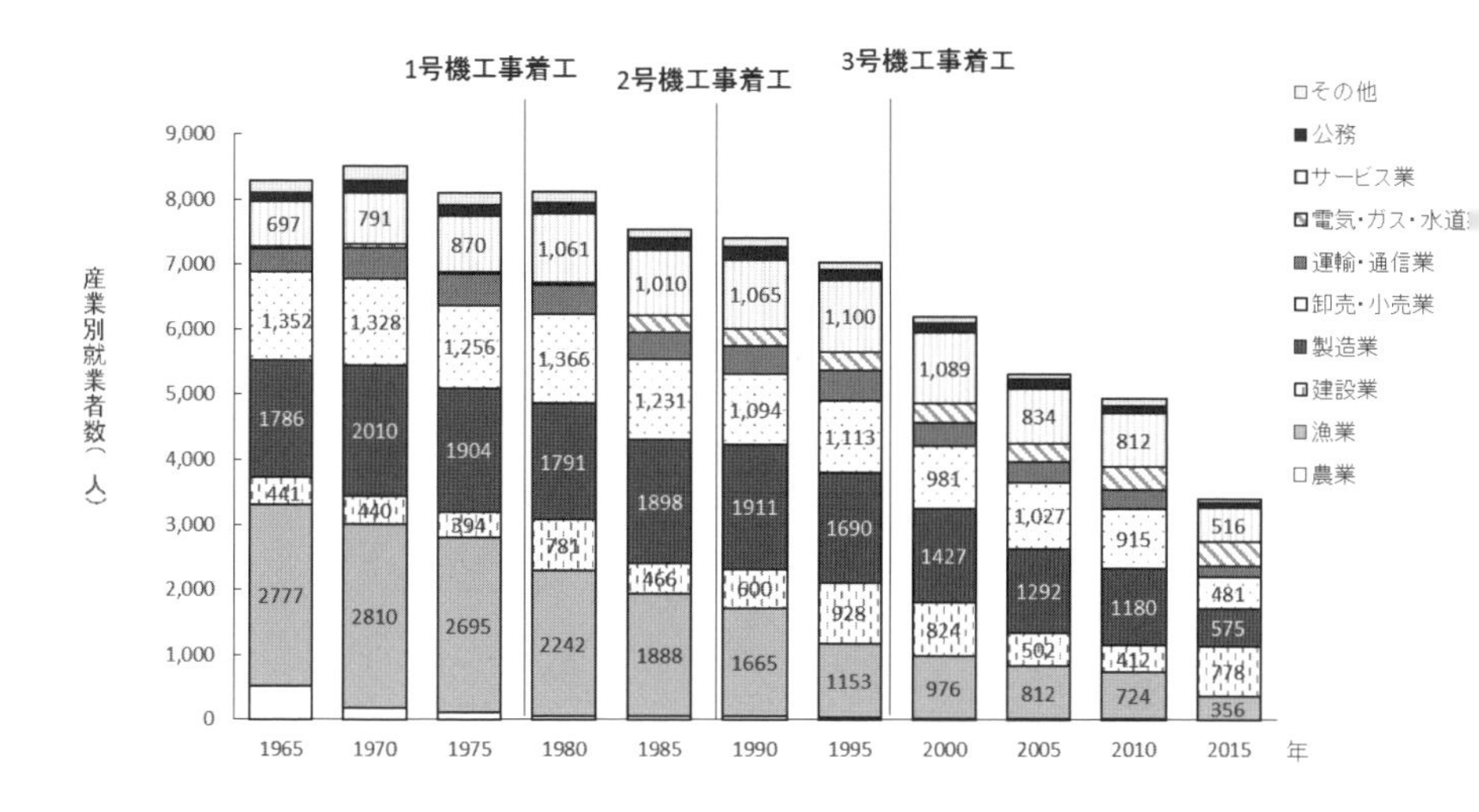

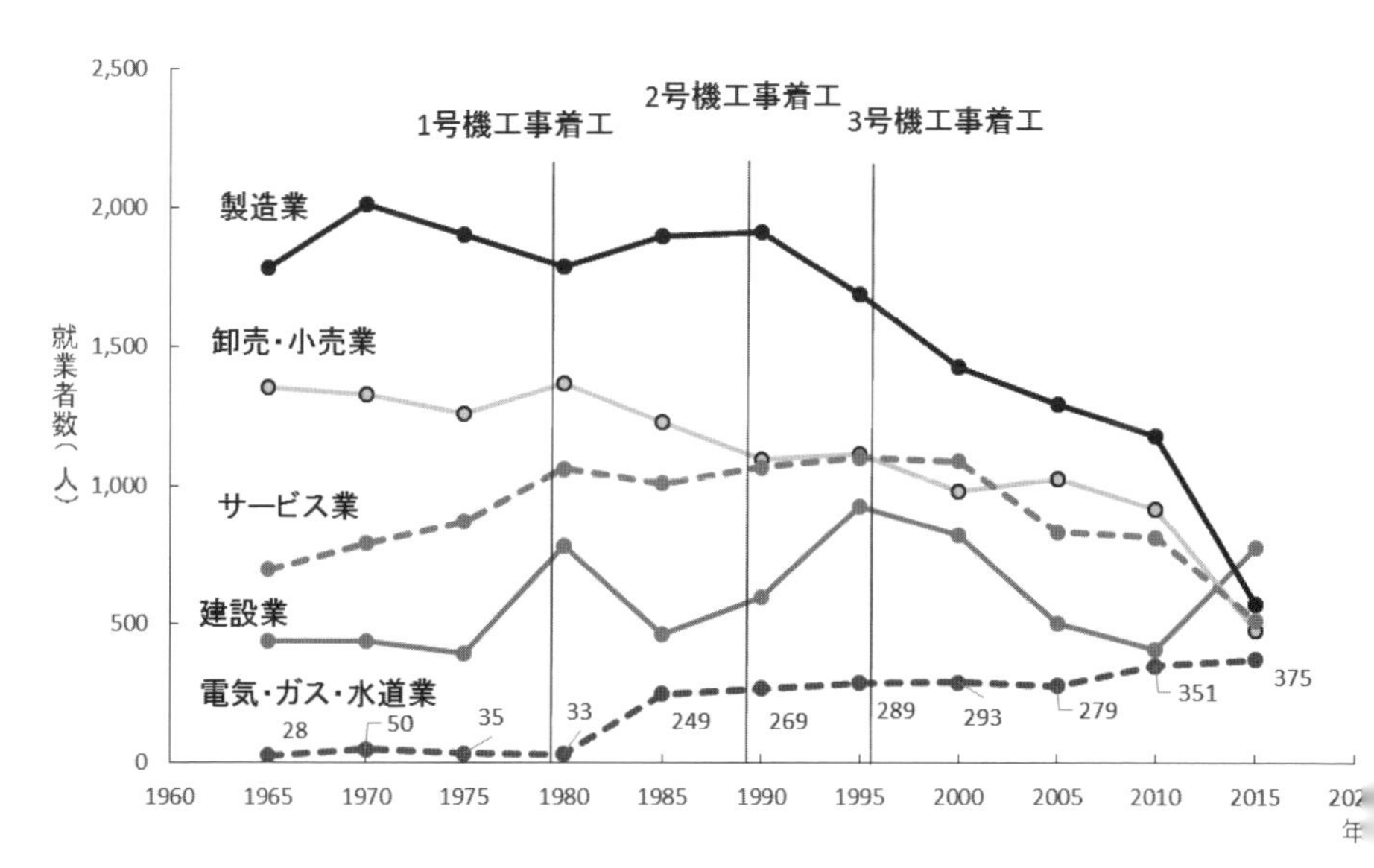

〔図８〕女川町の産業別就業者数の推移

出典：女川町企画課『女川町統計書』

明らかに増加している。一九八〇年は就業者数総数が減少傾向を示すなかで、三〇人だけに過ぎないが、唯一増加した年である。その年に建設業就業者数が、五年前のほぼ倍に増加している。この増加傾向は2号機着工後にもみられるが、3号機が着工した一九九六年から運転開始の二〇〇二年までの期間は減少傾向にある。「a　産業別町内純生産」で、建設業の生産額増加は原発そのものより電源三法交付金による公共事業であると述べたが、就業者数からも同様のことが読み取れる。3号機の建設期間は、交付金による公共事業費が1、2号機の時期より減少し生産額も伸びていなかった。建設業の就業者数も、これに連動して減少している。すなわち、建設業の就業者数の増加は、電源三法交付金による女川町の公共事業によるものと考えられる。なお、二〇一五年の増加は、復興事業によるものである。

サービス業の就業者数は緩やかな増加傾向を示すが、二〇〇〇年以降は減少に転じる。前節ではサービス業の生産額増加は原発工事関係者の需要もないとは言えないとしたが、就業者数の推移は建設業の増減とかなり一致していることを踏まえると、サービス業の生産額は公共事業で増えた労働者による飲食とも考えられる。

就業者数が増加した電気・ガス・水道事業は、当然のことながら、原発の運転開始とともに増加する。1号機が着工した一九八九年の翌年の就業者数は三三人であったが、八四年の稼働後八五年には二四九人に増加している。この差の二〇一人程度がほぼ原発によって生み出された雇用と考えられる。ただ、2号機、3号機が運転を開始した一九九五年、二〇〇二年の直後には大きな増加は表れていない。原発が増設されても、雇用はそれほど増えていないことがわかる。

卸売・小売業の就業者数はほぼ減少傾向で、1号機着工後に一一〇人増加するが、2号機、3号機の着工後は減少している。「a　産業別町内純生産」で卸売・小売業の町内純生産額は一九七五年より増加傾向を示し、八〇年代以降はほぼ横ばいとなると記したが、就業者数はほぼ減少である。

町内純生産と同様に、建設業の就業者数の増加は公共事業が行われている期間だけで、それに連動してサービス業の就業者数も増加するが、公共事業の規模縮小とともに減少しともに一時的なものでしかない。製造業も九〇年以降、卸売・小売業も八〇年以降減少に転じ、結局、多くの産業で就業者数が減少している。就業者数を維持できているのは、唯一電気・ガス・水道業のみということになる。これは、ただ原発立地が継続していることによるものである。原発によって町の雇用が生み出されるというのは、原発が他の産業の雇用を新たに生み出してこそ言えることではないだろうか。原発就業者数のみが、それも原発が2号機、3号機と増設されても増加しないのでは、女川町の雇用に原発の「恩恵」はほとんど認められないことになる。

c　産業別事業所数

女川町の産業別事業所数を〔図9 次頁〕に示す。やや増加傾向を示したのは、サービス業のみであった。サービス業は、東日本大震災で減少する二〇一四年を除けば、多少の増減はみられるが緩やかな増加である。事業所数が増加した一九九一年は2号機の着工直後であるが、3号機が着工した一九九六年には減少している。また、〔図8〕のサービス業の就業者数をみると、二〇〇〇年以降減少に転じている。すなわち、事業所数は二〇〇一年以降も増加するなかで、就業者数は減ったことになる。二〇〇一年と二〇〇六年のサービス業事業所数を、「事業所・企業統計調査」の従業員の規模で見てみると、雇用者が五〜九人の事業所が減少し、四人以下は増加している。結果として、規模の小さな事業所が増加し、就業者数としては減ったことになる。二〇〇〇年以降、事業所数はやや増加傾向とは言え、サービス業の実態は零細化が進んでいるとみられる。

事業所数が大きく減少したのは卸売・小売業である。一九八一年の事業所数は四二九、二〇〇九年は一八九で、減少率は五六％にもなる。一方、〔図8〕をみると、卸売・小売業の就業者数は一九八〇年が一、三六六人、

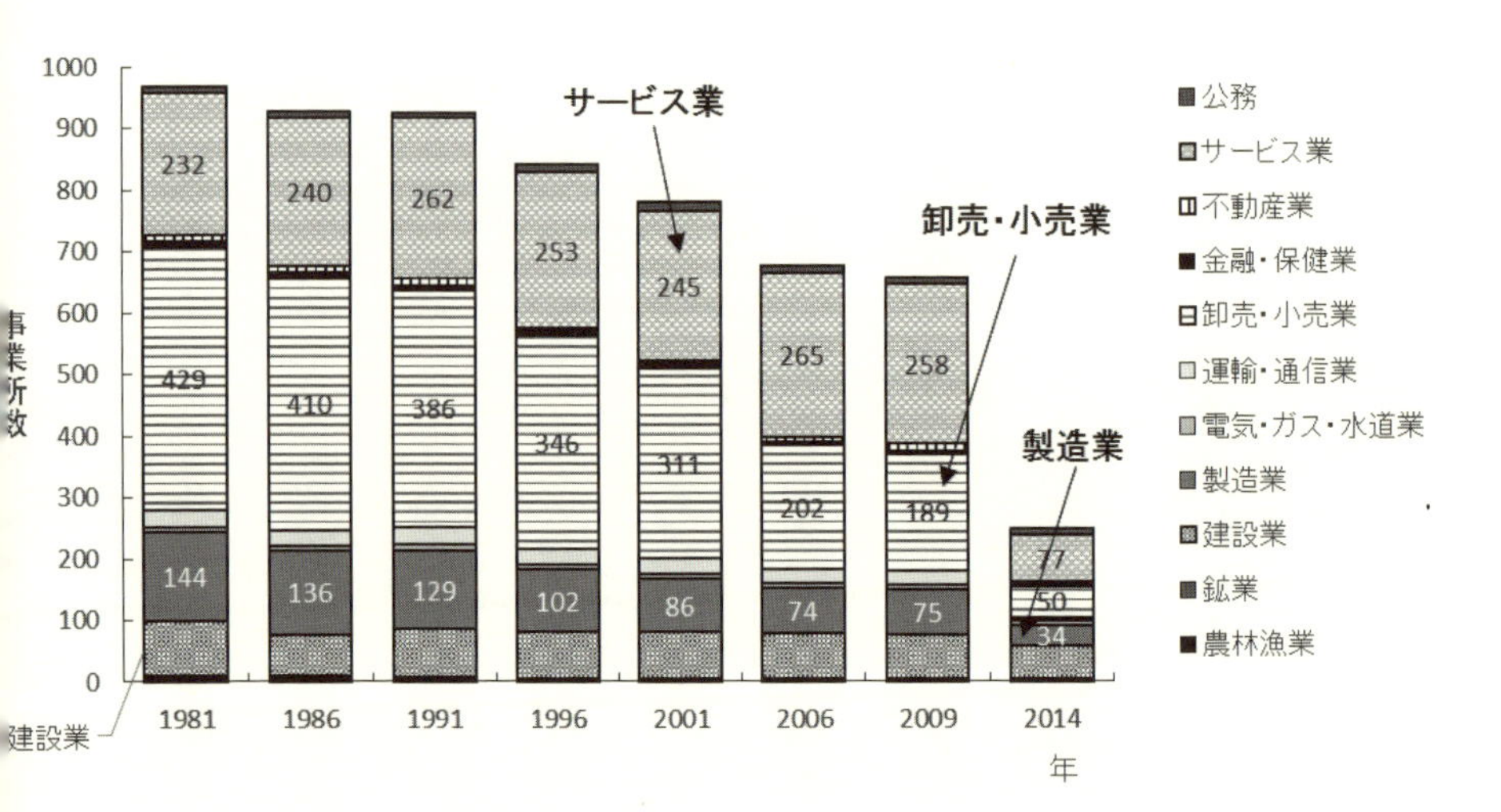

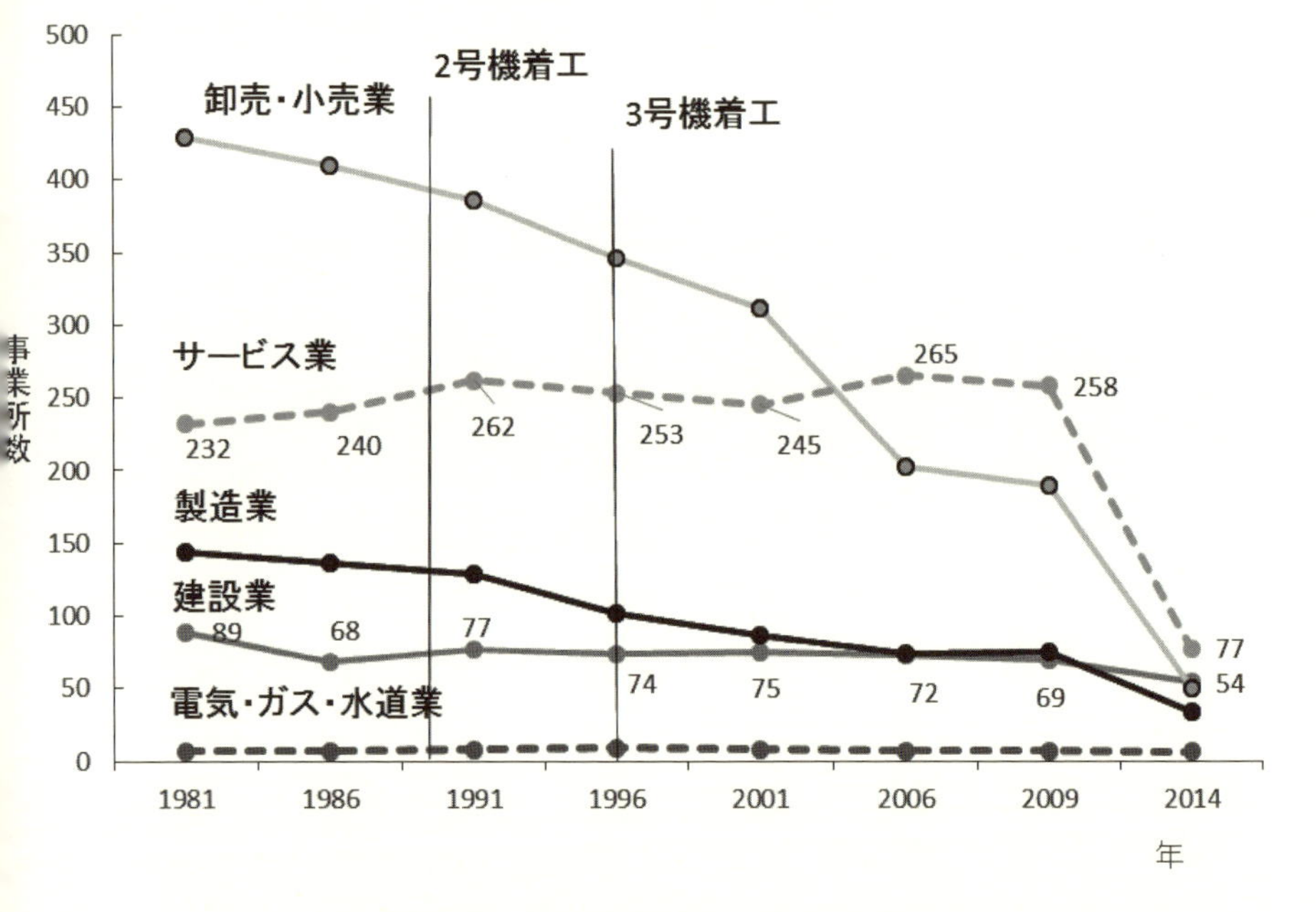

〔図９〕女川町の産業別事業所数の推移（1981 年～ 2014 年）

出典：「事業統計調査」（1981 年～ 1991 年）、「事業所・企業統計調査」（1996 年～ 2006 年）
「経済センサス」（2009 年、2014 年）

二〇一〇年が九一五人で、減少率は三三％である。事業所数が大幅な減少をしたにもかかわらず、就業者数はそれほど減少しなかったということは、サービス業とは反対に、小規模な小売業が大量に廃業していったことを表している。1号機が着工したのは一九七九年一二月である。その直後から卸売・小売業は就業者数も事業所数もひたすら減少した。原発の恩恵は、卸売・小売業には届かなかったとみられる。

製造業の事業所数も緩やかな減少だが、卸売・小売業とは反対に、事業所数より就業者数の減少の度合いの方が大きい。これは一事業所が廃業することで、多くの雇用が失われることを示唆している。電気・ガス・水道業は、そもそも事業所数が少ないこともあり、六〜七程度の推移でほぼ横ばいである。建設業の事業所数も大きな変動はみられない。就業者数は公共事業にともなって増減するが、事業所数自体はそれほど変化がみられない。

女川町の町内純生産、就業者数、事業所数の推移をみてきたが、原発の恩恵と言えるほど大きな効果はいずれからも認められなかった。女川町民は「地元経済への影響が大きい」と再稼働に賛意を示すが、原発が着工し、運転開始をしても、電気・ガス・水道業を除けば就業者数も事業所数も減少する産業がほとんどである。唯一、建設業に電源三法交付金による公共事業の経済効果がみられ、それに伴ってサービス業、小売業に波及効果がみられただけである。しかし、先にも述べたが、これらの事業は一時的なものでしかなく、事業終了とともに効果は消滅する。さらに、これらの公共事業の維持管理費は将来にわたって町の重い負担となり、女川町民の上にのしかかってくるのである。自立し、持続する町にはつながらないとみるしかない。

4　原発と女川町の財政

a　女川町の歳入

先ずは、女川町の財政を歳入からみてみよう。二〇一一年度以降の女川町の歳入には多額の東日本大震災の復興交付金が含まれているため、歳入総額はそれまでの一〇倍近くまで膨らんでいる。そこで、ここでは一九六五年度から二〇一〇年度までの一般会計歳入についてその内訳を示す〔図10〕。

二〇一〇年度以前に限ると、歳入の最大値は一九九六年度の約一〇二億六千万円である。一九七〇年度には一〇億円にも満たなかった町の財政が、四〇年ほどの間に一〇倍もの規模に膨れ上がった。内訳をみてみると、一九八五年度以降、地方税が異常な増加を示している。さらに、この地方税の内訳をみると、この異常な増加は固定資産税によるものであることがわかる〔図11〕。固定資産税は土地、建物、および機械や備品などの償却資産にかかる税で、償却資産は取得後の経過年数に応じて価値が減少する。女川町の固定資産税はほぼ原発施設の償却資産税であり、1、2、3号機が運転を開始した翌年に増大するが、減価償却が進むにつれて年々減少していく。このような固定資産税は、町の財政を将来にわたって潤し続けるものではなくいずれほぼ消滅する。

b　電源三法交付金

女川町には一九八〇年度以降、電源三法交付金（二〇一七年度時点では電源立地地域対策交付金、広報・調査等交付金、県電源立地地域対策交付金など）が交付されている。二〇一七年度までの三八年間に交付された累計金額は、二四八億八千万円余りに達している。

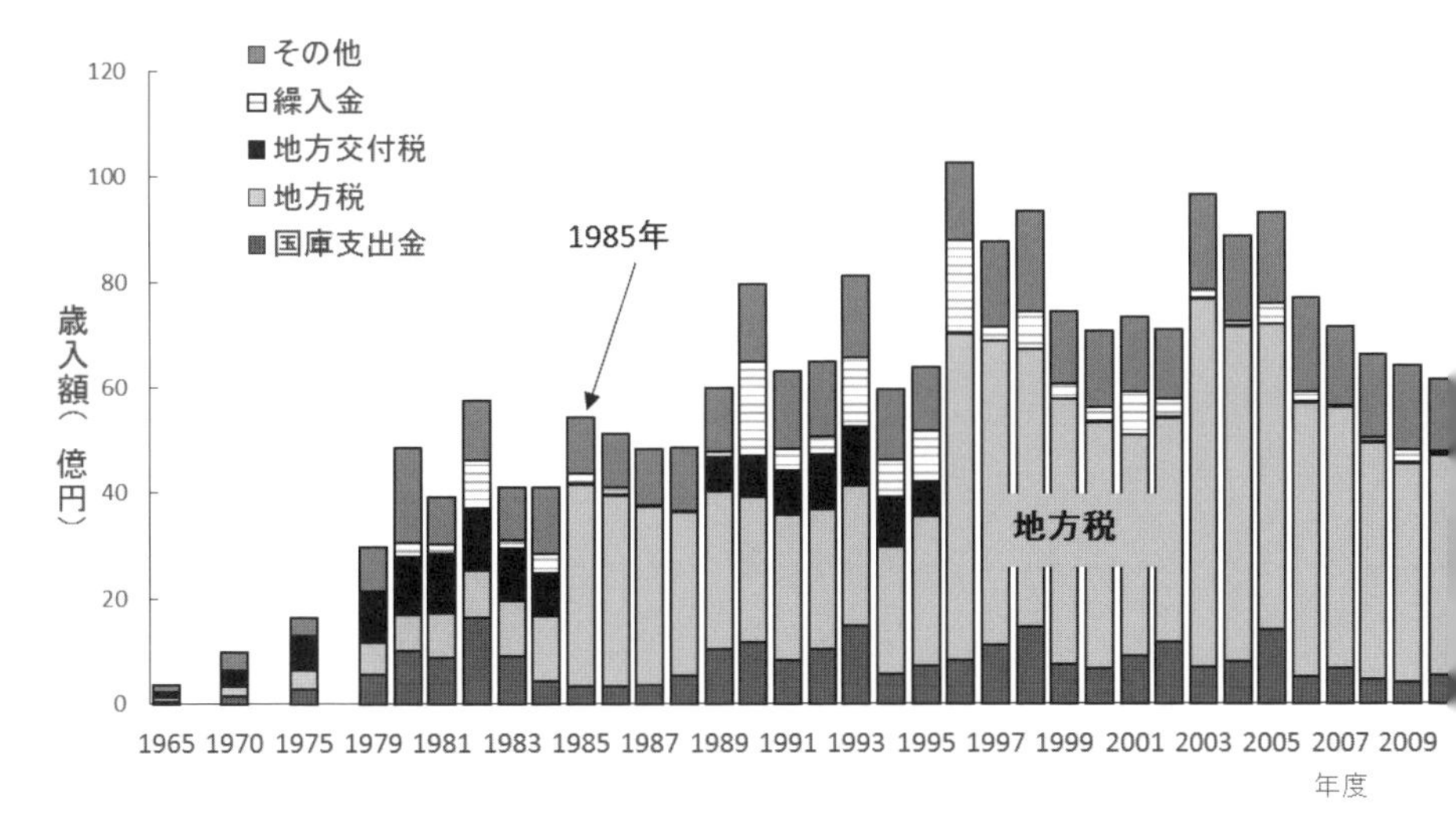

〔図 10〕女川町一般会計の歳入の推移（1965 ～ 2010 年度）

出典：女川町企画課『女川町統計書』

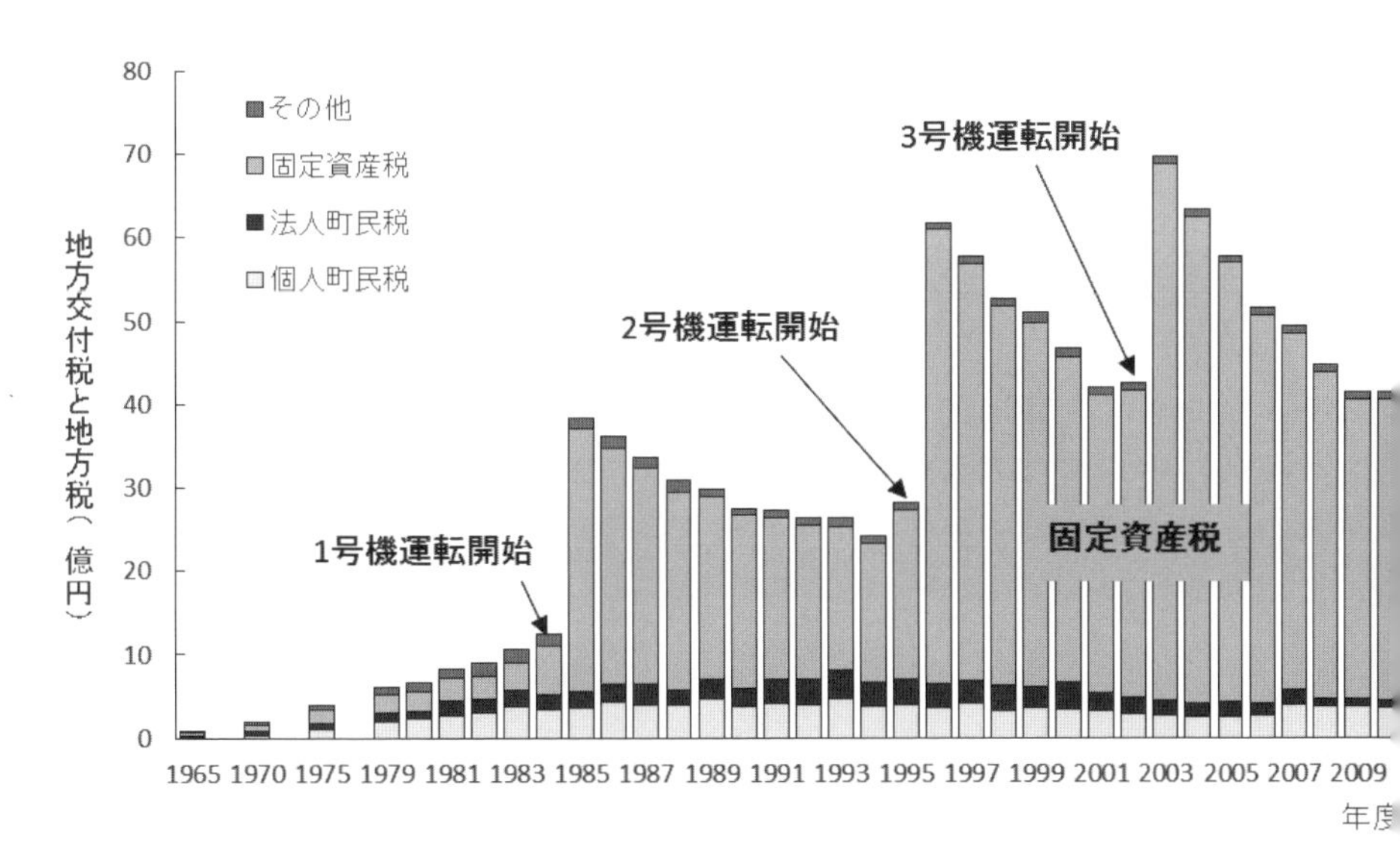

〔図 11〕女川町一般会計の地方税収入の推移（1965 ～ 2010 年度）

出典：女川町企画課『女川町統計書』

電源三法交付金のうち、電源立地促進対策交付金と電源立地地域対策交付金による事業の一覧が〔表2〕と〔表3〕である。[15]〔表2〕の二〇〇一年度までの事業内容をみると、保健センターや町立病院などの建設事業が大半である。一方、〔表3〕の二〇〇二年度以降の事業内容をみると、すでに建設された保健センター、医療センターなどの運営事業が多くみられる。これは、電源三法が制定されて以来、交付金の使途は公共施設の整備などに限定されていたが、二〇〇三年に施設の維持運営費にも使途が拡大されたことによる。

〔表2〕〔表3〕の充当率は、総事業費のうち交付金で賄われた割合である。二〇〇一年度までの建設事業では六一・九％、二〇〇二年度以降の運営事業では八七・八％に上っている。運営事業費の九割弱が交付金であること

		総事業費(円)	交付金額(円)	充当率	80	81	82	83	84	85	86	87	88	89	90	91	92	93	94	95	96	97	98	99	00	01
1号機	勤労青少年センター	226,256,535	226,256,535	100.0%	■																					
	広報無線建設事業	77,536,568	77,536,568	100.0%	■	■																				
	保健センター建設事業	185,083,547	148,923,547	80.5%	■	■	■																			
	生涯教育センター建設事業	1,041,846,994	852,446,994	81.8%	■	■	■																			
	消防施設(自動車購入)	24,795,000	24,795,000	100.0%	■	■	■	■																		
	総合体育館建設事業	796,459,300	647,189,300	81.3%			■	■																		
	陸上競技場スタンド建設事業	287,000,000	190,229,000	66.3%									■	■												
	小計	2,638,977,944	2,167,376,944	82.1%																						
2号機	女川一中体育館建設事業	267,500,000	230,000,000	86.0%										■												
	市場排水終末処理施設建設事業	317,455,000	260,000,000	81.9%										■												
	ごみ焼却場建設事業	667,270,000	538,000,000	80.6%											■											
	清水コミュニティセンター建設事業	54,500,000	40,000,000	73.4%											■											
	火葬場建設事業	212,237,800	102,000,000	48.1%												■										
	水産観光センター建設事業	1,831,900,000	1,390,000,000	75.9%													■	■								
	町立病院建設事業	3,550,771,000	1,546,804,000	43.6%																■	■					
	小計	6,901,633,800	4,106,804,000	59.5%																						
3号機	防災広報無線整備事業	394,504,000	320,000,000	81.1%																	■	■				
	町民第二多目的運動場建設事業	1,045,650,000	526,250,000	50.3%																		■	■			
	地域福祉センター, 老人保健施設建設事業	1,747,900,000	770,000,000	44.1%																		■	■			
	緊急貯水槽設置事業	79,697,000	65,000,000	81.6%																			■			
	一般廃棄物最終処分場	1,012,800,000	600,000,000	59.2%																				■	■	■
	町道浦宿猪線道路改良事業	18,200,000	16,000,000	87.9%																						■
	小計	4,298,751,000	2,297,250,000	53.4%																						
	合計	13,839,362,744	8,571,430,944	61.9%																						

〔表2〕女川原子力発電所における電源立地促進対策交付金事業一覧（1980～2001 年度）

（出典：女川町 HP「原子力発電所の立地による効果」より作成　http://www.town.onagawa.miyagi.jp/05_04_03.html）

〔表3〕女川原子力発電所における電源立地促進対策交付金および電源立地地域対策交付金事業一覧（2002～2017年度）

出典：2002～2010年度は『女川町各種会計歳入歳出決算書』、2011～2013年度は『広報おながわ』、2014～2017年度は女川町HP「原子力発電所の立地による効果」より作成

	総事業費（円）	交付金額（円）	充当率	02	03	04	05	06	07	08	09	10	11	12	13	14	15	16	17
町道浦宿猪落線道路改良事業	929,137,950	925,000,000	99.6%	■	■														
簡易水道送・配水管布設替事業	298,289,250	270,000,000	90.5%		■	■	■	■	■	■	■	■							
上水道配水管布設替事業	301,421,400	223,000,000	74.0%		■	■	■	■	■	■	■	■							
町道横浦大石原浜線道路新設事業	1,627,500,000	1,446,344,000	88.9%			■	■	■											
女川浄水場ろ過池等改築事業	451,500,000	200,000,000	44.3%							■	■								
水道運営事業　施設管理費	144,291,000	126,500,000	87.7%												■	■	■	■	■
基金造成（施設整備基金）	30,000,000	30,000,000	100.0%		■														
生涯教育センター運営事業	150,373,890	132,500,000	88.1%		■	■	■	■	■	■	■	■							
生涯教育センター改修事業	21,000,000	20,000,000	95.2%					■											
女川町総合運動場運営事業	626,665,125	575,416,602	91.8%		■	■	■	■	■	■	■	■		■	■	■	■	■	■
女川町勤労青少年センター運営事業	73,643,680	58,800,000	79.8%							■	■	■		■	■	■	■	■	■
町立病院医療情報システム整備事業	96,705,000	96,705,000	100.0%			■													
町立病院運営事業	525,561,660	471,675,000	89.7%			■		■	■	■	■	■							
女川町地域医療センター医療機器等購入事業	50,306,400	44,000,000	87.5%													■	■	■	■
女川町地域医療センター運営交付金事業	816,447,602	744,400,000	91.2%										■	■	■	■	■	■	■
女川町地域医療センター等改修工事（基金積立）	520,414,000	520,414,000	100.0%															■	■
女川町保健センター運営事業	248,832,860	225,000,000	90.4%							■	■	■	■	■	■		■	■	■
女川町温泉温浴施設整備事業	309,750,000	248,152,000	80.1%				■												
女川温泉給湯施設揚湯設備改修工事	32,358,960	30,000,000	92.7%													■			
女川温泉施設指定管理委託事業	227,583,298	124,000,000	54.5%														■	■	■
女川第一小学校法面崩壊防止工事	29,234,100	21,104,000	72.2%		■														
女川町立小中学校運営事業	303,483,837	263,106,213	86.7%							■	■	■	■	■		■	■	■	■
学校給食第二共同調理場運営事業	53,143,813	48,278,435	90.8%						■	■	■	■							
学校給食第二共同調理場改修事業	32,235,000	28,770,000	89.3%						■										
学校給食調理場運営事業	57,875,582	52,000,000	89.8%										■	■					
町立小中学校スクールバス運営事業	14,385,000	14,000,000	97.3%										■						
町立保育所運営事業	75,160,892	72,500,000	96.5%					■											
消防庁舎建設事業	461,790,000	287,617,000	62.3%					■	■										
女川町防災広報無線デジタル化整備事業（基金積立）	350,000,000	350,000,000	100.0%							■	■	■	■					■	■
女川町役場庁舎建設事業（基金積立）	928,688,000	928,688,000	100.0%											■	■	■	■		
女川町復興対策事業 復興推進課職員の人件費	52,300,254	50,000,000	95.6%											■				■	
ごみ収集運営事業	300,716,238	276,000,000	91.8%									■		■	■	■	■	■	■
ごみ収集車整備事業	18,381,300	14,000,000	76.2%									■						■	■
粗大ごみ処理作業用重機整備事業	5,460,000	4,000,000	73.3%										■						
女川町地方卸売市場整備事業（基金積立）	588,667,000	588,667,000	100.0%										■	■	■	■			
高齢者等福祉住宅運営事業	67,224,374	53,000,000	78.8%											■	■	■			
女川町社会福祉協議会運営補助事業	106,578,191	86,000,000	80.7%										■		■	■		■	■
社会教育施設運営事業 職員の人件費	17,557,467	17,000,000	96.8%										■						
女川町まちなか交流館指定管理委託事業	46,008,017	28,000,000	60.9%															■	■
合計	10,990,671,140	9,694,637,250	88.2%																

を考えると、施設の維持・管理は完全に交付金頼みといえる。結局、電源三法交付金で設置した箱モノの維持・管理のために、交付金が欠かせないという状況がここに生まれている。

ただ、注意を要するのは、固定資産税と電源三法交付金を、その年度の歳入総額に占める割合で比較すると、電源三法交付金の割合より固定資産税の割合の方がはるかに多いことである〔図12〕。たとえば、1号機が稼働した翌年の一九八五年度の固定資産税（三一億四、七四六万円）が歳入総額に占める割合は五七・九％、3号機が稼働した翌年の二〇〇三年度（六四億二、八一五万円）は六六・七％にも達し、2号機稼働の翌年度（一九九六年度）以降は町の歳入の半分以上を常に占めている。それに対し、電源三法交付金は、占める割合でみた最大値は二〇〇一年度の一九・五％（一四億二、六九六万円）である。電源三法交付金が町の歳入を膨らませているという印象が強いが、実際は固定資産税のほうがはるかに大きなウェイトを占めている。

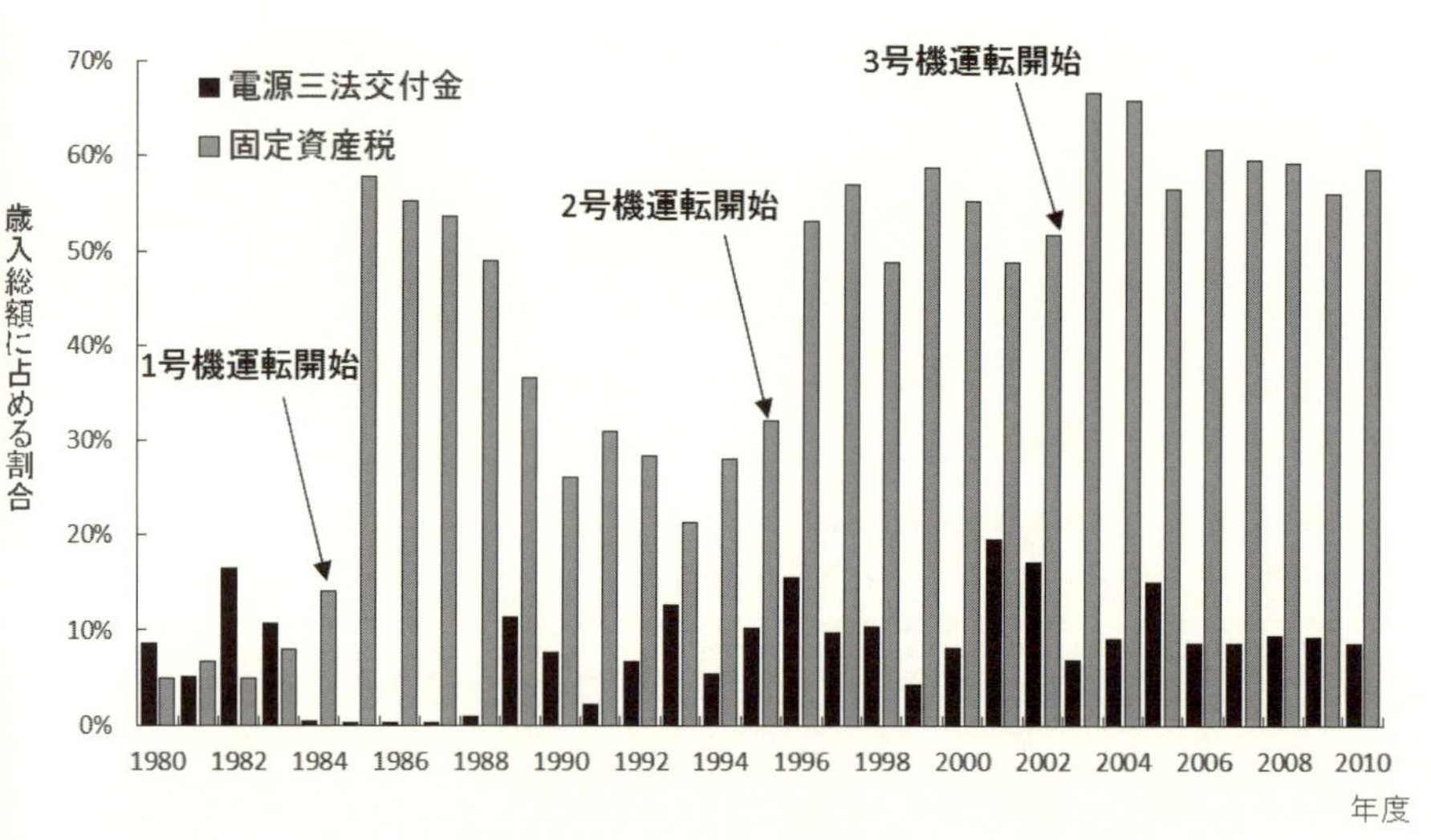

〔図12〕女川町の電源三法交付金と固定資産税が歳入総額に占める割合（1980〜2010年度）

出典：女川町企画課『女川町統計書』

c　女川町の歳出

女川町の歳入の六割強を占めるまでに至った固定資産税だが、この膨らんだ歳入が歳出にどのような影響を与えているのだろうか。一九七九年度から二〇一〇年度までの歳出を、費目ごとに示したのが〔図13 次頁〕である。歳入同様、二〇一一年度以降は震災復興のため総務費や土木費が桁外れに増大しているため、ここでも二〇一〇年度までの数値をグラフにしている。

〔図13〕を見ると総務費がもっとも変動が大きい。そこで、これらの費目のなかで、変動が大きかった総務費、農林水産費、商工費、土木費について再度グラフに表したのが〔図13〕の下図である。突出しているのは総務費で、特に一九九〇年度、一九九六年度、二〇〇三年度が極端な増加をしている。総務費の内訳を見ると、この三つの年度で増大しているのは総務管理費で、さらに、総務管理費のなかの積立金によるものであることがわかる〔図14 次々頁〕。積立金とは、財政調整基金のように年度間の財源調整を図り、将来における弾力的な財政運営に資するために財源を留保するものである。

この積立金と積立金現在高、歳入の固定資産税をグラフにしたのが〔図15 112頁〕（A）である。〔図15〕（A）を見ると、2号機、3号機の運転開始の翌年に増大する動きは、積立金と固定資産税で完全に一致している。固定資産税で膨らんだ女川町の歳入だが、その一部は積立金としてその使途が先送りされた実態が見える。

また、〔図15〕（A）の積立金と積立金現在高を見ると、二〇〇二年度までは積立金の増減に対応して積立金現在高も増減し、両者はほぼ同じような傾向を示している。ところが、二〇〇三年度以降は各年度の積立金が減少しているにも関わらず、積立金現在高は急増している。この積立金現在高の内訳をみると、財政調整基金の現在

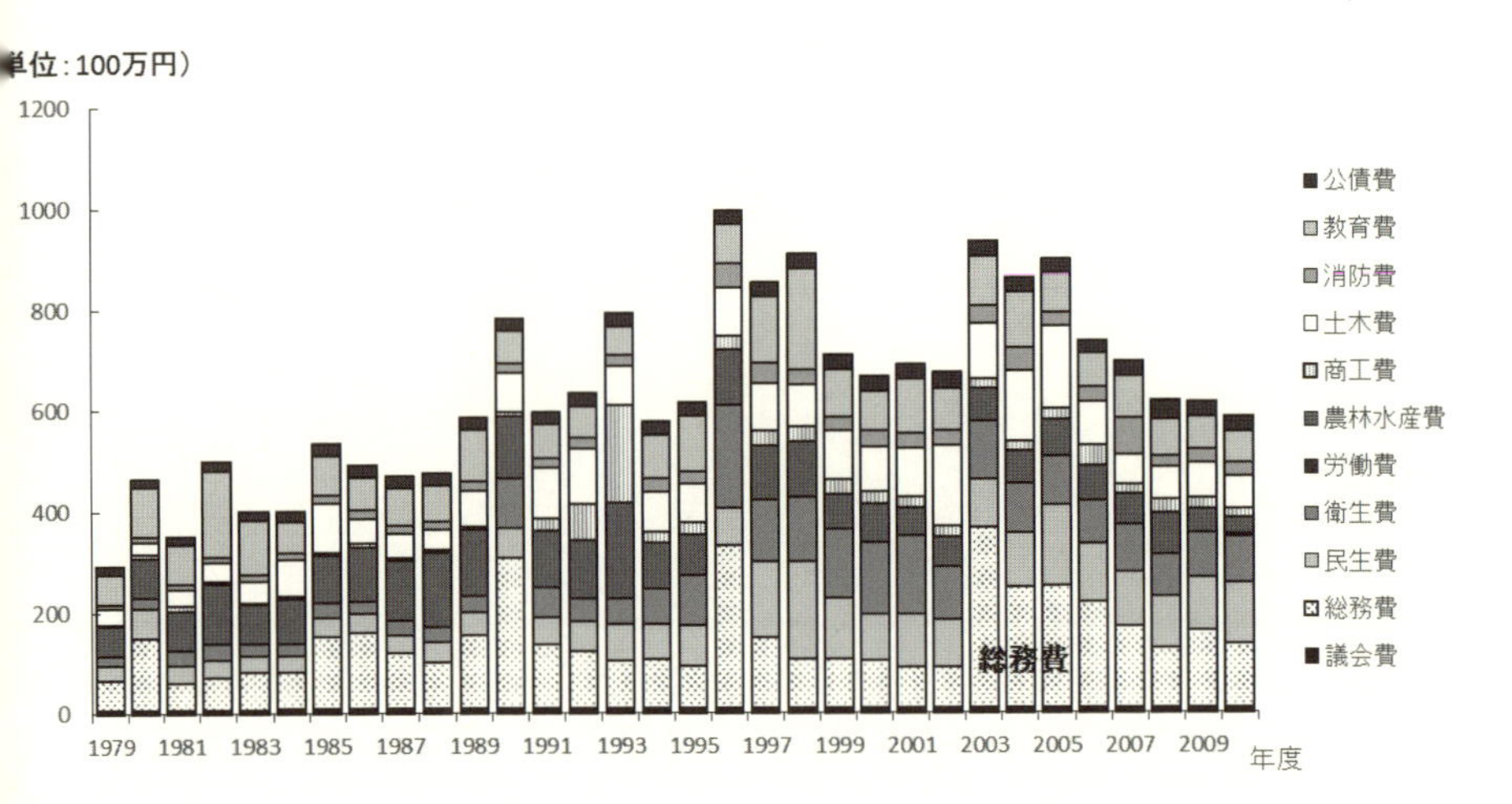

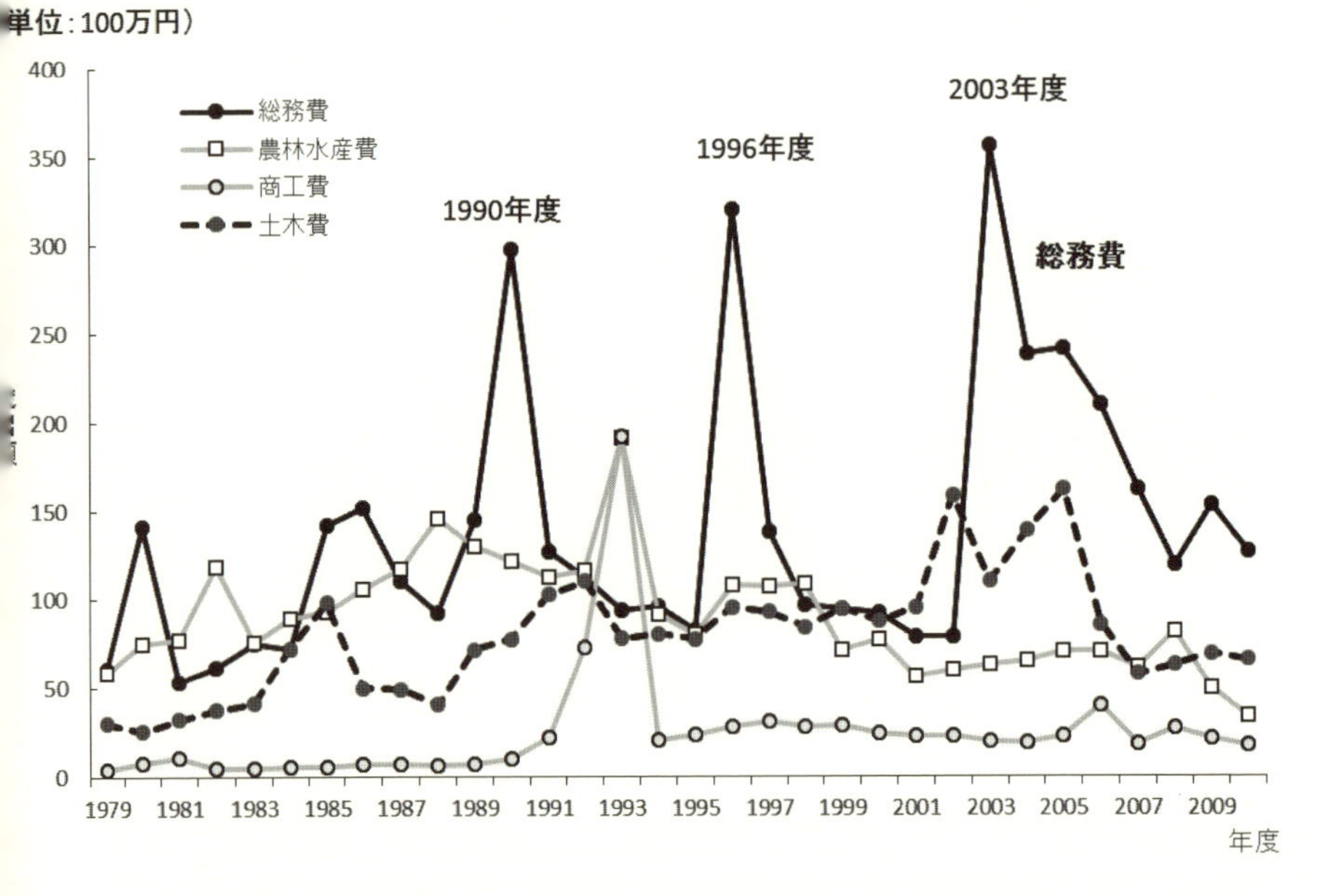

〔図 13〕女川町一般会計歳出の推移（1979～2010 年度）

出典：女川町企画課『女川町統計書』、宮城県『宮城県統計年鑑』、総務省「地方財政状況調査」

(A) 総務費の内訳

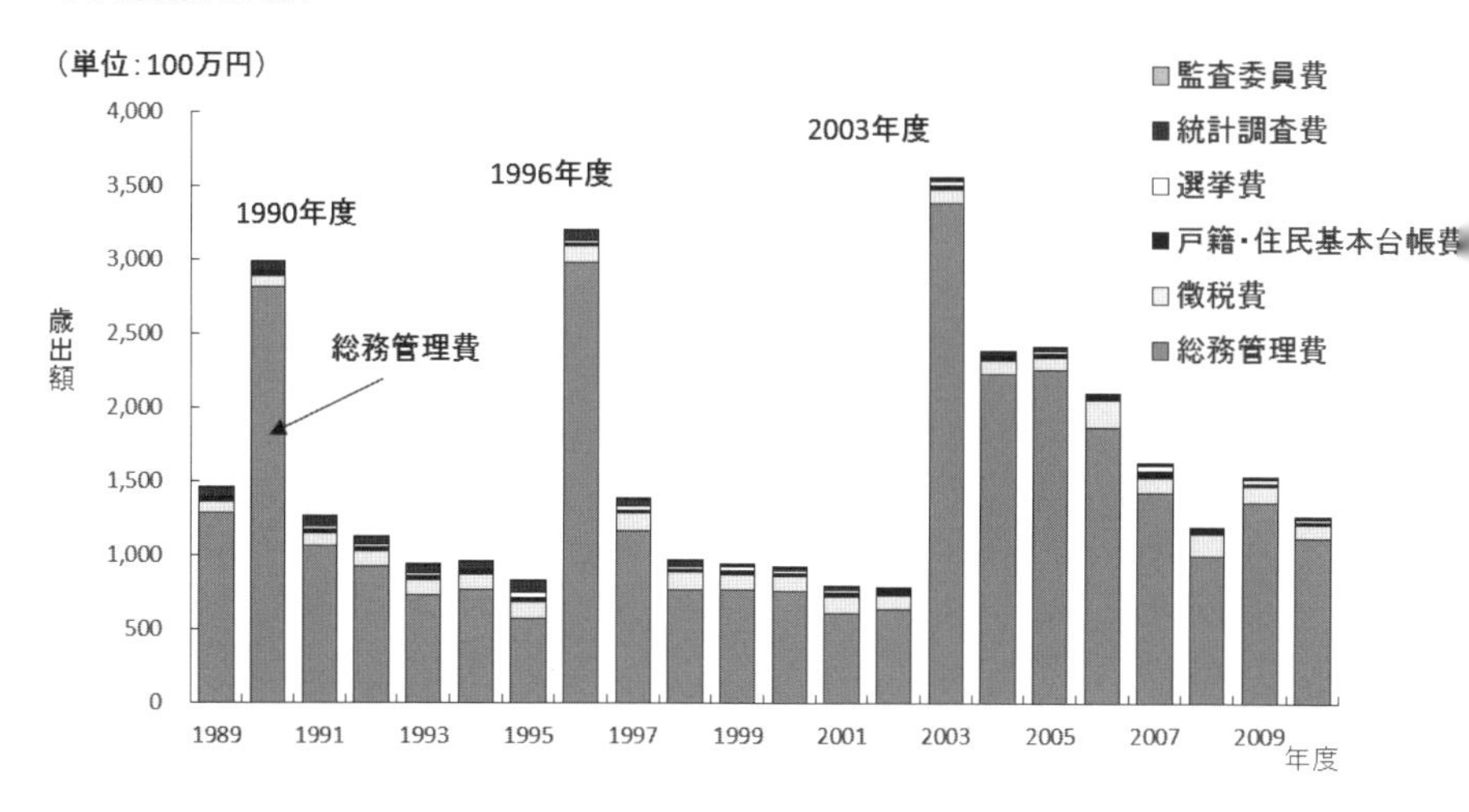

(B) 総務管理費の内訳

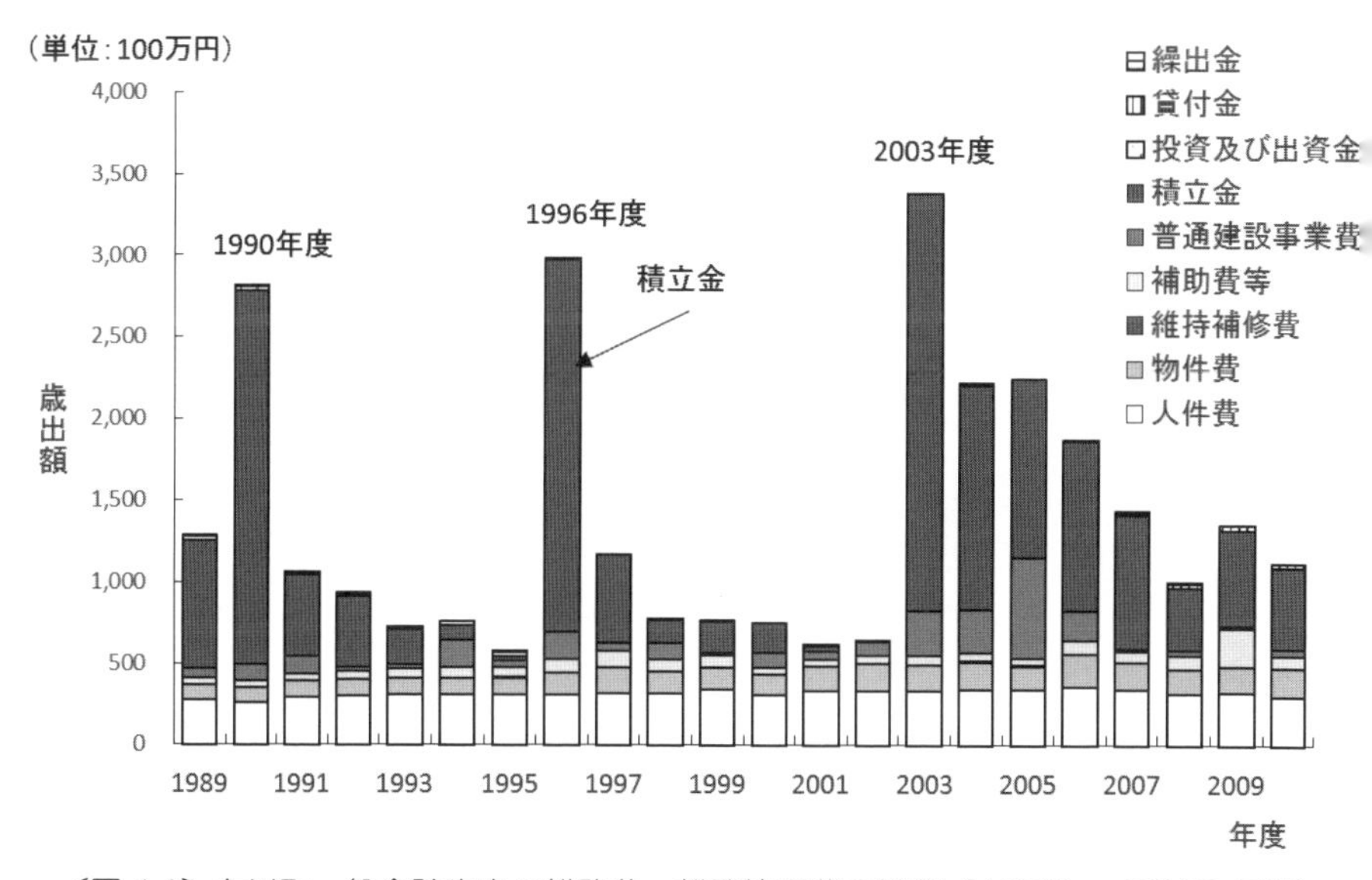

〔図 14〕女川町一般会計歳出の総務費・総務管理費の推移（1989～2010 年度）

出典：総務省「地方財政状況調査」

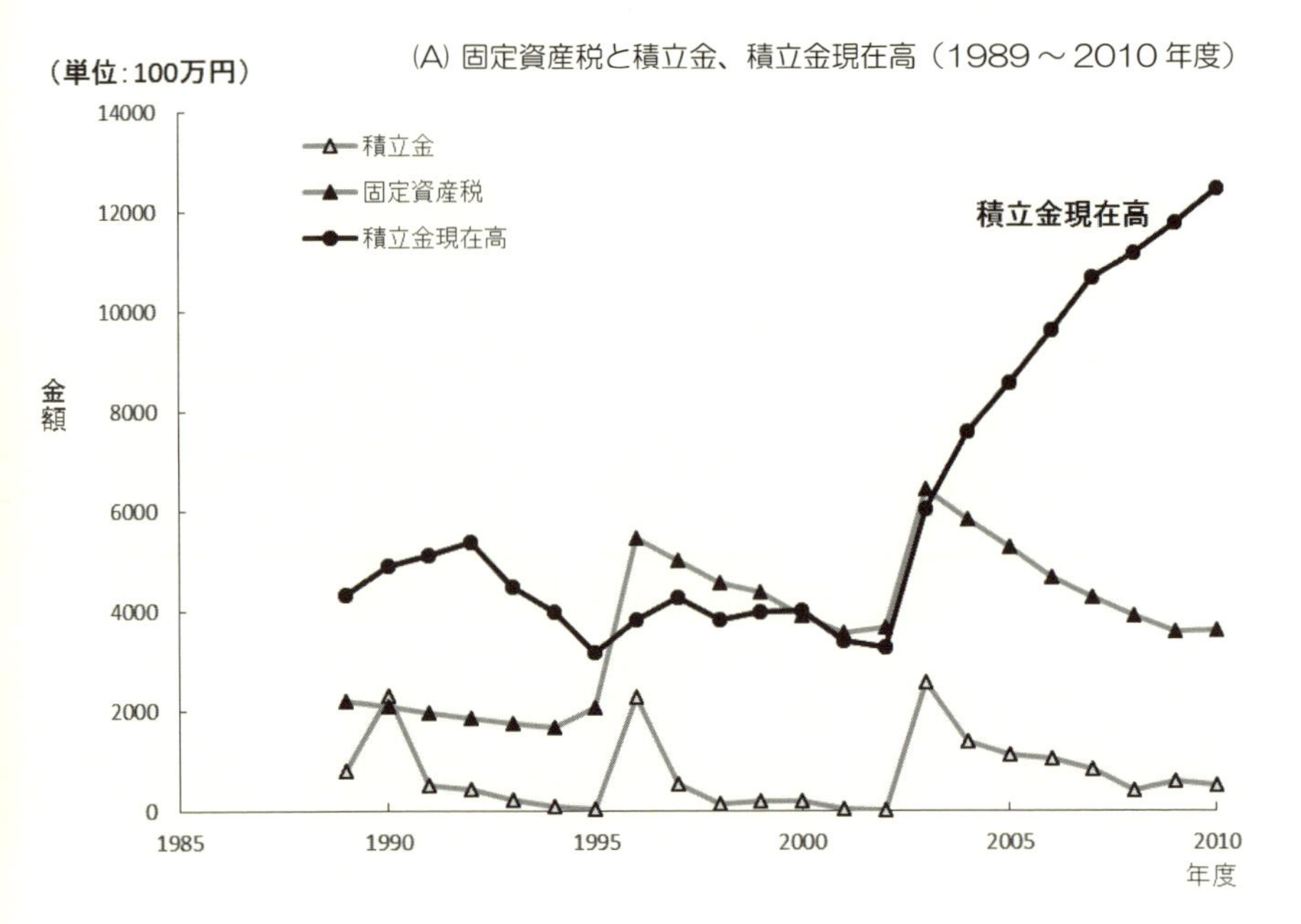

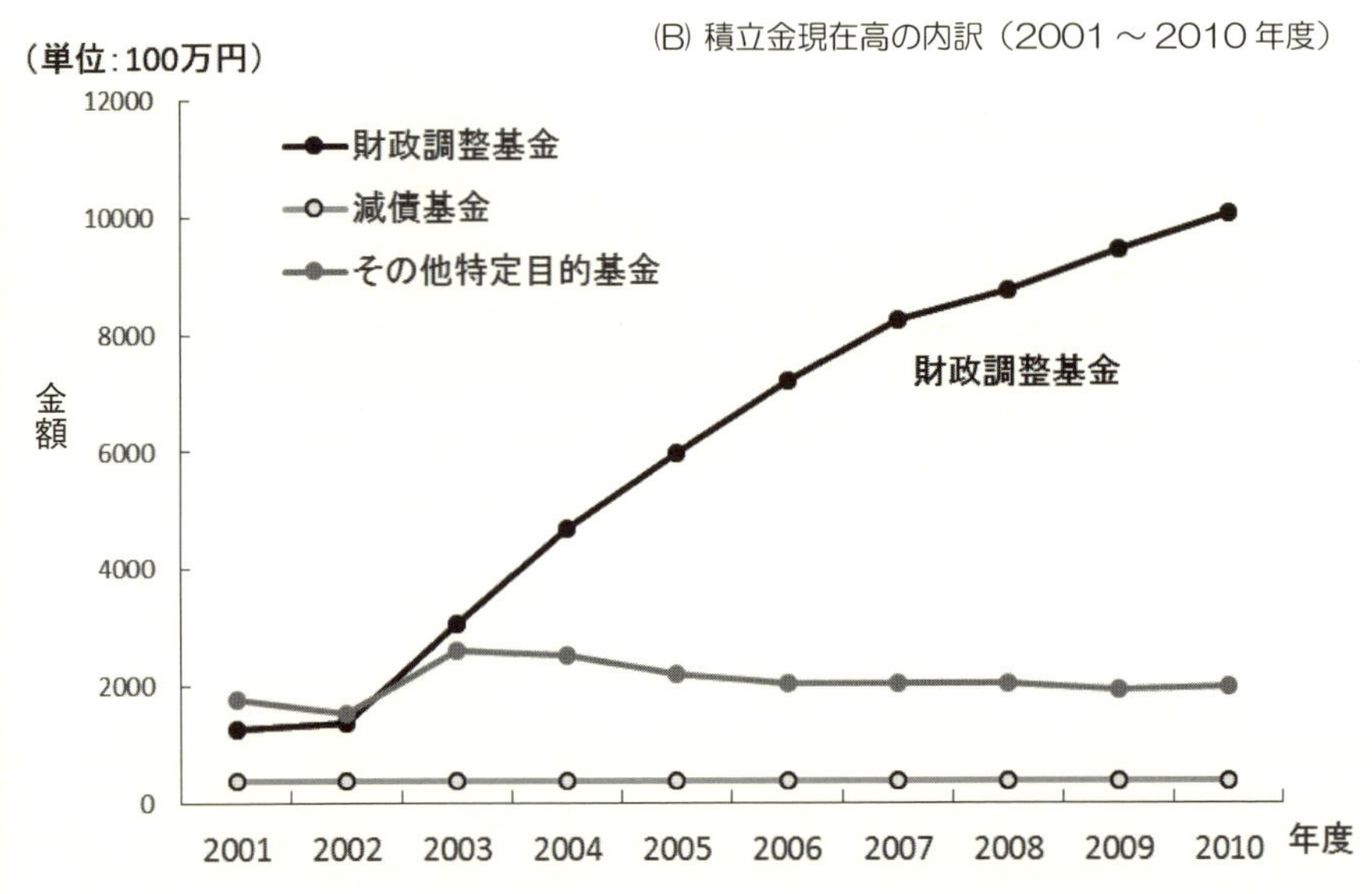

〔図15〕女川町の固定資産税と積立金、積立金現在高の推移

出典：総務省「地方財政状況調査」、「決算カード」

高が急増している〔図15〕（B）。先の〔図10〕を見ると、歳入額の合計は二〇〇三年度以降減少傾向にある。そのようななかで、将来のために財源を留保する財政調整基金へ振り向けられる財源が増加しているのである。本来ならば、財源が不足するときに取り崩すためにある基金が、取り崩されることもなく積みあがっている。

二〇〇三年度以降、電源立地地域対策交付金は施設の維持運営費にも使途が拡大され、水道運営事業、ごみ収集運営事業など、本来自治体の自主財源で行うべき事業にまで交付金が使われている。また、もともと町立病院だった地域医療センターは、二〇一一年一〇月以降地域医療振興協会が指定管理者となって運営されているが、女川町は二〇一二年度以降も交付金から一億数千万円を医療センターへ交付している。[16]その一方で、歳入の大半を占める固定資産税が、歳入総額を超えるような財政調整基金として積みあがっている。

電源立地地域対策交付金の使途が拡大されたことにより、さまざまな運営事業に交付金が活用されるようになった。結果として町の歳出構造が大きく歪められ、女川町は原発の固定資産税や交付金に依存する財政から逃れられなくなっていると言える。

5「経済神話」を超えて

最初に、女川町の統計データを用いた分析結果をまとめておきたい。

人口推移――原発が着工しても稼働しても人口増加どころか、減少の歯止めにもなっていない。若者の流出の比率は全国郡部と比較しても高い。

町内純生産―建設業に電源三法交付金による公共事業の効果がみられる。サービス業、小売業にも、原発・

公共事業労働者によると考えられる効果がみられるが、小売業は八〇年代以降は横ばいとなる。製造業は原発着工時に一時的にやや増加するが、水産業、製造業はそれ以上に漁業水揚高の増加傾向に一致している。

電気・ガス・水道業は、原発の運転開始で増加する。

就業者数——建設業は公共事業で増加する。サービス業も増加するが、二〇〇〇年以降は減少している。電気・ガス・水道業は原発の稼働後増加するが、増設しても就業者数は増加せず横ばいである。他は減少傾向で、就業者数総数も減少している。

事業所数——建設業は減少傾向だが公共事業で微増、サービス業はやや増加するが就業者数は減少している。他は一貫して減少する。

財　政——原発の運転開始とともに歳入の六割を占めるほどの固定資産税と、電源三法交付金がもたらされる。二〇〇三年度以降は、将来のために財源を留保する財政調整基金が積み上がっている。さらに箱モノの維持管理費や、町が行うサービスまでもが交付金依存となり、原発依存の財政構造となっている。

以上から見えてくることは、女川原発は女川町の一部の産業に一時的な経済効果をもたらすことはあったが、持続的な産業・雇用の創出につながることはなかった。さらに、原発に依存する女川町の財政は、新規原発の増設をしない限り年々固定資産税は減少するため、いずれ立ち行かなくなる。電源三法交付金も見込めなくなると、交付金で建設した多くの箱モノの維持運営費は調達できなくなり、町の財政を圧迫する。多くの女川町民は、原発再稼働賛成の理由に「地元経済への影響が大きい」をあげた。しかし、原発の経済効果は限定的で、産業・雇用創出にもほとんどつながっていない。原発由来のお金が町に入るものの、それが町に産業を生み出すことも、過疎化を阻止することもできていないのである。原発は安全だと確たる根拠もなく信じた「安全神話」と同様、原発による「恩恵」も単なる「経済神話」そのものと言わざるを得ない。

とは言え、原発で働く人々や、飲食店・小売店のなかには、原発があることで仕事が成り立っている人々もいる。女川町の財政を見ても固定資産税や交付金など原発に大きく依存しつつも、体育館や病院など医療・福祉・健康に向けた施設・サービスなど、維持管理の問題を抱えてはいるが、充実させることはできた。そして、そこにも新たな雇用が生まれている。町全体としてみれば、原発の「恩恵」は一時的で持続性はない。しかし、そこで生活を成り立たせている人々が存在する限り、原発の「恩恵」は「経済神話」であるとして切り捨てることはできないのである。朴も原発をただ止めればよいというだけではなく、地元経済の未来について考えることが必要としている[17]。また、小野一も、「原発に依存しない地域経済をいかに作り上げるかという方策が伴わない議論は、片手落ちと言わざるを得ない[18]」としている。すなわち、女川のまちづくりを、どのように描くかが重要な点だ。現在、東日本大震災からの復興を目指し、女川町では水産業を中心に据えたさまざまな施設が建設されている。製氷・冷凍冷蔵施設や、女川町地方卸売市場も新たに稼働し、水産業関連施設の集積化も進められている。さらに、太陽光発電への取り組み、水産廃棄物等処理施設の建設などの事業への取り組みも始まった。ただ、これらはいまだ点としての取り組みでしかないように思われる。エネルギーの面からみても、太陽光発電のみならず、町の面積の八〇％ほどを占める森林の活用、水産加工業の残渣の活用など女川町の特性を生かした取り組みはまだまだ存在する。これらから作り出されるエネルギーを町全体へ供給することで、さらに新たな産業を生み出し、雇用を創出する。まさに、町のすべての産業を巻き込みつつ、地域循環型の社会を目指すことで、原発のない自立する町ならではの恩恵を享受することができるのではないか。

【注】

(1)詳細は第三章Ⅱおよび女川町ホームページ「原子力年表」http://www.town.onagawa.miyagi.jp を参照。

(2)東北電力女川原子力発電所　リアルタイムデータ。http://www.tohoku-epco.co.jp/electr/genshi/onagawa/hd.html

(3)河北新報「〈原発世論調査〉女川2号機再稼働　六八%反対」二〇一七年八月三一日。https://www.kahoku.co.jp/tohokunews/201708/20170831_13013.html

(4)藤田(一九九六)、五七頁。

(5)新潟日報社(二〇一七)、五〇~八四頁。

(6)女川町ホームページによると、二〇一九年三月三一日現在、人口は六、四六六人、世帯数は三、一二五世帯となっている。二〇一五年の大きな人口減少は二〇一一年の東日本大震災によるものであるが、それ以前より減少傾向は続いている。

(7)日本水産株式会社(二〇一一)、八二~九一頁。

(8)女川町誌編さん委員会(一九九一)、六頁。

(9)藤田(一九九六)、四八頁。

(10)女川町誌編さん委員会(一九九一)、二四八頁。

(11)明日香(二〇一八)、一九〇頁。

(12)朴(二〇一三)、四四頁。また、福井県立大学地域経済研究所は、福井県の原発が地域経済に与える影響について分析し(二〇一〇年、一一四~一七七頁)、飲食店・宿泊業が現在も持続・拡大と記している。

(13)女川町誌編さん委員会(一九九一)、二五九頁。

(14)新潟日報社(二〇一七)、三二一~三三三頁。

(15)二〇〇三年度上期までの電源立地促進対策交付金と電源地域産業育成支援補助金が、二〇〇三年度下期から電源立地地域対策交付金として統合された。ここでは、二〇〇三年度上期までの電源立地促進対策交付金と、二〇〇三年度下期以降の電源立地地域対策交付金による事業を掲載している。

（16）〔表3〕に「女川町地域医療センター運営交付金事業」として総額を掲載している。各年度の交付金額は女川町ホームページ「原子力発電所の立地による効果」を参照。
（17）朴（二〇一三）、一八頁。
（18）小野（二〇一六）、四五頁。

第三章　原発の「地域社会分断」作用

【写真上】長蛇のデモ隊列。後ろの女川漁協の建物には「原発設置反対」の看板が掲げられている
【左】女川原発反対同盟の看板

I　原発が地域社会を破壊する

西尾　漠

1　分断・亀裂は立地計画段階から

原発がひとたび大事故を起こせば、「ふるさと」の喪失を招き、そこに暮らしてきた人々の間にさまざまな分断・亀裂をもたらすことを、東京電力福島第一原発事故は、まざまざと示した。何よりもそのことが、事故を防げなかった無念さとともに口惜しい。

だが、地域社会の分断・破壊とそれに伴う苦難は、大事故を憂えるよりずっと早く、原発立地の話が持ち上がったときから起こっていた。反原発・脱原発の運動は、ときに感情を抑えられない場面があるにせよ、対立の一方の主体として亀裂をひろげるのではなく、対立の元凶をなくすことに力を注いできた。

中国電力の上関（かみのせき）原発計画（山口県上関町）などに反対して活動を続けている「原発はごめんだヒロシマ市民の会」の木原省治は、その著で言う。「原子力発電所は何を作りだすか、多くの人たちは電気を作ると言うだろう。しかし、上関原発問題に長い間関わってきて、実感するのは人間関係の亀裂だけである。（中略）上関に原子力発電所建設問題が浮上して、親子、兄弟をはじめ叔父、叔母に至ってはたくさんの人間関係の亀裂を見てきた。普通、人を見る時は男だとか女だとか、子どもだとか年配の人というように見るのが一般的だが、上関では原発に反対か推進かという区分けしかできなくなった。これまで、豊かな自然の中で、助け合い支え合うという友好的な人間関係が、原発問題で一変した」[1]。

「子供が道でころんでも、起こしてやる前に、この子は推進派の子か、反対派の子か、と見定めてから手貸すんですわ。人の困ったことを喜びあうとかね。不幸なことを喜びあうようになりましたな。一人死ぬと、反対派が一人減ったと手たたいて、やったあ、みたいな感じなんです。たとえテレビの中の話しでも、人が亡くなれば、あの人かわいそうにな、と思いますやろ。それが、ここは身内同士でも、一票減ったというて、不幸を喜んで来たんですな。人が死んで喜ぶて、ここぐらいと違う？……」[2]。

エッセイストの川口祐二による、中部電力芦浜（あしはま）原発計画のあった三重県南島町（現・南伊勢町）の漁民の妻小倉紀子からの聞き書きである。

似たような話は、各地でいくらでもある。その上で、必ずしもそれだけではないということも付け加えておきたい。

和歌山県日高町での関西電力日高（ひだか）原発計画をめぐって、誘致を進めようとする一松春町長は、比井崎（ひいざき）漁協に海上事前調査同意を迫って一九七〇年七月、強引に漁協理事会に出席して「最後のお願い」をしようとした。当時「組合員である漁師たちの間にはすでに厭戦気分が漂っていた。二〇年以上も原発を巡って親兄弟・親戚・漁師仲間で賛否が分かれ、人間関係がズタズタになってきたのである。そのなかで『祭り』（クエ祭り）や結婚式・葬式・漁船の進水式などが行われてきたのである」[3]というのは、まさによく似た話のひとつだ。しかし続けてこんな記述がある。不幸を喜ぶと言っても、現に人が亡くなりそうな事態ともなれば、やはり推進も反対もなく力を合わせるのだ。

「ちょうどその頃、海で遭難した漁師仲間の捜索を地元漁師が協力して捜すということがあった。最後の頼みで比井崎漁協総代協議会に乗り込み、ひたすら『お願い』を繰り返す一松町長に向かって濱一巳が叫んだ。『漁師はな、「板の下一枚地獄」と言うんや。そんなところで働くもんは皆仲よくせなあかん。町長！ お前にこの気持ちが分かるか！』

『分かった！ もうお前はそれ以上言うな。わしは漁業組合には二度と来いへんから！分かった！ でも濱君、魚、おかずにくれよ』」[4]。

対立をしていても、つながり合う気持ちがすべて失われるものでもないことを、漁師仲間の捜索への協力はもとより、町長の最後の一言も示していると言えないか。

なお、別のことを一つ付け加えておくと、地域社会の分断・破壊は、原発という迷惑施設（日本原子力産業会議が一九九七年に開いた第三〇回年次大会では「原子力はなぜ『迷惑施設』といわれるのか」と題した討論が行なわれた）の姿が見えてこそ起こる。正体を隠して進められていた初期の立地地域では、大きな葛藤のないまま建設されてしまったところもある。その結果、五七基が営業運転に入った日本の原発（うち二〇基は既に廃止）は、すべて一九七〇年以前に計画が浮上した地点での建設・増設によるものである。「原発の正体が明らかになり始めた七〇年代以降に新たに浮上した原発計画地で、運転入りを許したところはただの一地点もない」[5]。

原発の姿がよくわからないうちに建てられてしまった地域では、その後は、あきらめが常態になった。日本原子力発電により一号機の営業運転が一九七〇年に開始された敦賀（つるが）原発の地元である福井県敦賀市の磯部（正しくは「磯辺」だが、本稿では引用元ママとする）甚三が、立地点の浦底（うらそこ）地区住民の言葉を伝えている。

「私が『不安やねえか？』と聞いたら、『不安やろうが、なんじゃろうが、わしらはもうワナにかかってしもうた。ほかに行く場所もないし、こりゃああきらめなしゃあないがなちゅうてね。あきらめの生活や』[6]。

そうした物言いも、原発既設地のどこでもよく聞かれる。すでに原発が建てられてしまった地域では、原発の抱えるさまざまな問題が、原発反対の声を高めるのでなく、かえっていっそうあきらめの気持ちを強める働きをしてしまうのだ。「事故になれば、どうせおしまい」と。

事故時の避難対策にしても「逃げたってむだ」ということになる。ただし、そう言う人も、現実に事故が起これば、あきらめることなく避難するだろう。実はあきらめていなくても、あきらめていると言うしかないあきらめがある。

2　人の心を壊す原発立地

ところで、前出川口（二〇〇二）の聞き書きには、原発反対者をターゲットとした、こんな嫌がらせの話もある。

「いちばん初めに、じ（ママ）の薬が届きました。注文もせんのにな、と言うとったんです。そのうち、カタログのようなものがいっぱい来ました。毎日ですわ。それが日に日に増えてくるんです。（中略）いちばん大きかったのはフランスベッドでした。ダブルベッドですよ。大きいトラックが入ってきたんです。運んでくる方も知っていますんで、『とにかく見てくれ』、ベッドなんか頼んだことない、と言いましてな。毎日、二個、三個はざらでしたわ。置いていかれると困るんですわ。請求書が入っていると払わんならんですやろ。留守には絶対できなんだんです。持って来た人に返さんだら、どこへ送り返すんやな。

差出人のない手紙、殺すぞとか、ばらすぞ、今度はお前の番だ、とかな。あんたの主人には外に女があるとかな。内輪もめをつくろうとしたんやな。そやで私ら、外面だけでも仲良うしようやな、と言うて笑ろたことがありましたわ。こんなことをすると賛成にまわると思ってやったんやろか」[7]。

こうした嫌がらせは、芦浜を出発点として全国にひろがり、筆者も被害を受けている。「代金引き換えで金塊が届いているという郵便局からの通知もあったが、現品にはお目にかかれなかった。『誰それと不倫をしている』といった誹謗中傷の文書もあった。ニセの年賀状も出された。無言電話もかかってきた」[8]。

それが、二〇〇二年二月に芦浜原発計画が白紙撤回されたころには下火になっていた。芦浜が出発点だとしても、全国へのひろがりを見れば、地元の住民同士の嫌がらせを超えて分断を狙った者のしわざだったのだろう。そのノウハウが全国に拡大したということか。

反原発・脱原発運動の側からは、ここまで悪質な嫌がらせはさすがになかったが、山口県上関町の祝島で一九八二年から今も続いている上関原発計画反対派の島内デモでは、対立の激しかった八〇年代に「島内で少数派の推進派の自宅前では、個人攻撃じみた暴言を叫ぶ場面もあったという」と、朝日新聞山口支局[9]は伝える。そうした場面は、実際にあった。筆者もデモに参加した際に経験し、リーダーの何人かと議論したことを覚えている。

なお同じ頁には「推進派の島民二人と反対派の漁民四人が漁の途中で殴り合いになり、推進派の一人が傷害の疑いで逮捕された」とか、「両派の対立は『仕事の契約を取り消された』『葬式に兄弟や孫が列席しない』などという嘆きを生み、推進派の商店に反対派が買い物に来なくなり、『売り上げが極端に減った』店などもあった」とかの記述もあった。

反原発運動の側からの脅迫電話もあったことは否定できない。「福井県敦賀市長だった一六年間、一貫して原発推進派だった」高木孝一が語っている。「自宅には原発反対派とみられる男からの脅迫電話が続いた。『きさまの命はあと三日』『家族も道連れだ』。低く、落ち着いた声に高木は『わしゃ、ぞーっとして』。当時、家のあちこちに置いたバットやこん棒の一部がいまでもある」[10]。

このように原発立地は、人の心を破壊した。悲劇は、それだけではすまない。『反原発新聞』に転載された、伊方原発二号機原子炉設置許可取り消し訴訟の準備書面で、原告の井田与之平は訴えている。

「私の妻キクノ（当時七二歳）は昭和四八年四月二〇日、自ら命を絶ってしまいました。（中略）私は原発用地内に二十数ヵ所の土地を所有しておりました。其の一部として今の炉心部あたりに妻と子供名義の土地があったのですが、昭和四六年四月私が名古屋方面へ旅行した留守をつけこみ、四国電力の水口某が、地元のものに道案内をさせ、私の妻をそそのかし、『名義が貴女になっておるのだから主人の承諾はいらない』といい、売却せずに頑張っていると収用法で安くとられるぞと、半ば脅して調印させてしまったのであります。

私が原発に反対しており、土地は絶対に売らないものだから、留守を狙ったのであります。旅行から帰った私が妻を叱ったのも当然でありましょう。それから四国電力は私に調印をこわされることを恐れてか、八幡浜市内の旅館に妻をかくまい、その後名古屋にいる実子のところへ家出したのであります。それから一年後、昭和四八年四月一七日私の家に戻ってきましたが、三日後、私に黙って売買契約に調印したその自責の念から、自ら命を絶ってしまったのであります」[11]。

用地売却を苦に地元住民が自死することは、関西電力の建設計画があった和歌山県日置川町（現・白浜町）でも起きている。「この男性（当時七一）は『原発が建設されると、地元や子どもたちに迷惑をかける』と近所の人に漏らしていたという」[12]。

3　歴史、文化、生活、経済の破壊

人の心の破壊は、原発立地に賛成した側に著しい。自死に追い込んだ者（電力会社の社員だけではない）の心こそ、破壊されたと言ってよいだろう。「反対派が一人減った」と手をたたく者の心も、さまざまな嫌がらせをする者の心も、然りである。何より金の力が、人の心を破壊する。似たような話は随所にあるが、伊方原発を鎌田慧は「金権力発電所」と呼ぶ。

「わたしがいままで歩いてきた開発、原発地帯のなかで、ここほど『買収』の話が満ちあふれているところはなかった。菓子折やお茶の包みに二、三万はいっていた、という噂にことかかないのである。ことし六二歳になる奥本繁松さんの話によれば、原発の社員たちはまるで品物を売るみたいにしてきたとのことである。

『原発はいいもんですから賛成して下さい』

『そんなものはいらん』

そんな戸別訪問がつづいていたのである。区長が三万円もらった、という話が伝わってきたころには、『わしももろうた』『わしももろうた』というひとたちがふえていた。

『気持は反対でも、ちいとでももろうた方がトクじゃ』

誰かれなくそういうようになった。

『わしはゼニはいらん。テレビがほしいのや』

といったあとで、電器屋がカラーテレビをもってきた家もある。原発のバーゲンセールだった」[13]。

そうした状況について、伊方町を含む愛媛県八西地域（八幡浜市・西宇和郡）のローカル紙『南海日日新聞』の斉間満の言葉が重い。「貧しい漁村に札束がばらまかれ、そしてその札束に思わず手を伸ばした者がいたとして、その貧しき者が責められるのか。ばらまいた者は責められないのか。札束は、貧しくとも支え合って生きてきた者たちの心を、二度と元に返せぬほど深く傷つけているのではないか。筆者の原発への不信感は、ここから生まれた」[14]。

地域破壊は人の心の破壊であり、地域の歴史・文化・生活の破壊であり、地域経済の破壊でもある。地域の風景の破壊と言うこともできるかもしれない。剣持一巳が、島根原発の地元である島根県鹿島町（現・松江市）の漁師Yさん夫妻の話を聞いている。

「Yさんは、悲観的だ。『キレイな海を汚されることは残念なことです』という。『原発により、この集落の人たちは有形、無形の財産を失いました』ともいう。有形の財産は、まず海であろう。それに、地区の共有地を中国電力に売却したこと。『もう一つ水利権を同時に失い、これが集落の人々の生活にひびいている』とのべ、さらに『原発の敷地になっているところ、あそこに谷田がありました』と話す。谷田は、自給自足的な漁村経済にとって貴重な自給米の供給地である。それを失うこと自体、この集落の経済構造が変わることになる。『生活自体が派手になり、まず食生活が変わってきた。昭和三〇年ぐらいから、畑が売買されはじめました。今では週に二度、野菜売りがきます』とも話す。

（中略）

無形のものは、人々の心だという。心がこのように失われてしまった。Yさんの奥さんは『お金にほれた』といった。原発は、奥さんがいうように、結局、お金にほれた人々の手で作られてしまうのであろうか」[15]。

『反原発新聞』では、福島支局の小島力がこう書いていた。「福島県双葉郡双葉町。この町を南北に走る常磐線の両側には、のどかな田園風景がひろがっている。（中略）進出してきた東京電力が、ばかでかい鉄塔と無数の送電線でまず手始めに破壊したのは、この素朴な田園風景であった」[16]。

福井県敦賀市で、敦賀原発一号機の建設当初から反対してきた太田和子は言う。「放射能が怖いからだけではありません。原発が、豊かだった敦賀半島の自然を破壊したことが、放射能の怖さ以上に許せないのです」[17]。

それらは、原発立地がなくても起こったことだと断じることは、もちろん容易である。東北電力に原発建設を断念させた新潟県巻町では、一九六九年の計画浮上から五年後に、観光開発のためと欺かれて土地を売った角海浜の集落は全戸移転で廃村となった。やはり原発計画がなくても、廃村は時間の問題だったかもしれない。しかし、まさにそのようにして原発立地は地域の破壊を加速したとも言えるだろう。

それは、きわめて人為的に進められた。

4　つくられた分断・対立

地域の分断についてみるとき、それは決して自然発生的に生じたものではない。芦浜原発計画をめぐる対立が最も激化した一九九四年、地元の朝日新聞津支局は、こう記している。「反対であれ推進であれ、住民たちは中電（中部電力）が仕掛けた命がけの力による競争、数の論理を強いられている。住民間の亀裂、不信は深い。公益事業である中電が、自ら作り出した現実に目をつぶっていいはずがない」[18]。

「反対派は『推進派が海を金で売ろうとしている』と批判し、推進派は『反対派は古和浦の発展を考えていない』と応酬する。昨日まで仲の良い友人たちが、道ですれ違ってもあいさつも交わさない。肉親の葬儀にさえ、出席できない悲劇も生まれる。無言電話、注文しない商品の配達、汚れた金の噂……。つい一〇年ほど前まで、小さないさかいはあっても、力を合わせて生きてきた人たちが、現在では、疑心暗鬼の毎日だ」[19]。

一九八一年一月から二月にかけて行なわれた巻（まき）原発計画の環境影響調査説明会阻止の闘いについて、巻原発反対共有地主会事務局の赤川勝矢は、こう書いた。

「第一日目は実質的に開催は阻止できたものの、二日目以後は住民同士がつかみ合い、どなり合うという事態が生じていったのです。東北電力は機動隊によるピケ排除ではなく、自民党、同盟、土建業者、商工会などに連日最大の動員をかけ、私たちのピケ隊に突っこませてきたのです。『一人や二人殺してもかまわんぞ』などという罵声が電力側の動員者から叫ばれるという騒然たる状況となりました。二日目も阻止したものの、三日目には裏口から推進派に入られ、開催されてしまいました。私たちは本当の敵は東北電力であり、住民同士が物理的にぶつかりあうことは東北電力を喜ばせるだけであること、相手側の動員者の中には公安刑事がまぎれこみ弾圧を用意していることを考え、四日目以降の阻止行動を中止しました」[20]。

つくられた対立の陰には、広告会社の姿もあった。一九七三年、東北電力に二人の人物が迎え入れられている。元広告代理店「電通」の第一宣伝技術局長で「クリエイティブ広告の大御所」の異名を持つ中井幸一「創造開発」社長・日本大学教授と、「地域開発の専門家」である鹿島義夫元経済企画庁次長だ。

「立ち往生の電源開発／広告マンの知恵拝借」と見出しのつけられた日本経済新聞の記事が、広告マンの処方箋である「反対派を孤立させること」の成功例として紹介するのが、「中井幸一・日大教授が指導したある火力発電所の建設」だ。「ある発電所」とは東北電力酒田火力発電所のことである。

「建設計画が公開される一年前ころから、県の開発局長、電力会社の担当重役、地元紙の幹部などをメンバーとする極秘のプロジェクトが作られ、対象地域の『人脈マップ』づくりと住民の『意識調査』に乗り出した。人脈地図は各政党の構成員や支持者をはじめ漁協、農協、商店街、ＰＴＡなどの役員や、愛鳥の会、お花、編み物のグループといった趣味の団体の人間関係までもうらした。住民の意識調査は電力会社の料金集金人と、テレビの視聴率調査という名目で調査会社が行い、絶対賛成から絶対反対まで五つのグループに分けた。この意識調査と人脈地図を組み合わせて、どこにマトを絞って、どのようなアプローチをしたらよいかと決め、それに従って効果的なＰＲ作戦を展開した」[21]。

火力発電所でこれだけのことをした電力会社が、原発周辺地域の人脈マップづくりと意識調査を行なっていないとは考えられないだろう。そもそも「創造開発」なる広告会社の第一の仕事は、女川原発反対運動の説得（日本経済新聞記事によれば「反対派を孤立させること」）だった。吉田（一九七三）[22]四二頁によれば、同社を創設した中井社長は、『経済界』七三年五月号でこう語っていたという。「女川発電所建設にあたって住民の反対運動が起きている。この問題を解決するのは積極的な公害の防止であり、説得の方法論である。すでに企業側は媒体を信用しなくなり、いっぽう消費者も媒体やマスコミを信用しなくなっている。この説得の新しい方法論・体系・考え方を創造していくのがわれわれのしごとです」。

吉田の解説を引こう。「この文脈からもすでに明白なように、『積極的な公害の防止』は不可能であることを前提に、問題がたてられている。可能であればとくに説得に『新しい方法論』など必要としないだろう」。

そんな説得の方法論の成果かどうかは明記されていないが、女川での漁民らによる反対運動を抑え込んだ「電力側の巧みな住民対応策」を、朝日新聞の伊藤暢生記者は次のように記述していた。「漁民を内堀にたとえ、それを囲む外堀、つまり陸側の住民の説得を足がかりにして、内堀まで攻め込もう、という作戦がとられた。『小さい町だから、本家とか分家とか地縁、血縁でしばられている。本家が右を向いたら分家も右を向く、という傾向もある』と町漁協幹部。こうした地元の情勢を調べつくした電力側は、商工団体の誘致決議をとりつけ、婦人会や青年部の『理解と合意』を得、それぞれの人脈をたどって反対派漁民の説得を開始した」[23]。

親兄弟とならば対立できても、それ以上に大きな力を持つ者には逆らえない現実が、地域によってはあるのだ。同様の「説得術」は、広告マンの知恵を拝借するまでもなく、どこでも行なわれていたと推察できる。伊方原発に反対していた町見（まちみ）漁協組合員の切り崩しについて、前出の斉間満は言う。「漁協組合員一人一人の原発に対する賛否の意思はもちろん、家族構成から、姻戚関係、影響力のある知人や友人まで、プライバシーを細部にわたって調べ上げ、そして『どうすれば、その組合員を原発賛成派として説得出来るか』まで結論付ける激しいものであった」[24]。「この中に、一〇月の臨時総会で反対派の中心的な活躍を見せた、Bさんに関する記述を見つけた。『▽△の弟、□◎といとこ、反対共闘委との結び付きが強く最後まで反対すると思われる。自分の存在を認めてもらいたい性格で、簡単には後には引かない。最終的には金と考えられる』。摘要欄の小さなエンピツ文字は、そう書かれていた」[25]。

5　推進・反対の内部にも亀裂

原発立地が破壊するのは、推進の住民と反対の住民の仲だけではない。推進とされる人々の間でも、利益を求めて積極的に推進する人と、しがらみのなかで仕方なく与する人がいる。前述のように電力会社の側は、それを意図的につくりあげてきた。

あいつはいくら貰ったのに俺はいくらしか貰っていないという妬みもある。そのことを拡声器付きの車で町中に触れて回った人がいるという話を聞いたこともある。

反対住民も、一枚岩ではない。運動の進め方をめぐって生ぬるいと大声を出す人もいれば、緩やかなデモにすらついていけないという人もいる。政党や労働組合などとの共闘には、同一視されたくない、利用されるのはいやだとの反発もある。運動の中でさまざまに迷う人がいるのは当然のことだが、それを許せないという考えの人もいれば、そうしたことも包み込んで運動を進める考えの人もいる。対立にまで進んでしまうこともあるだろう。

そんなふうに、推進の人、反対の人の中の亀裂もふくめて、原発は人間関係をこわすのだ。

6 地域の分断は解消できるか

それでは、原発建設計画の断念や白紙撤回を迎えた後、地域の分断は解消されるのか。その前に、建設が進んだ地域のことに触れておこう。福島第二原発の建設に全三四戸で強く反対していた福島県楢葉(ならは)町の毛萱(けがや)部落だが、隣接する同町波倉(なみくら)部落がいとも簡単に建設を受け入れ、「部落内にも、『強い家と弱い家との差が現れるようになった。七〇年八月、部落内だけでの運動ではもはや耐え切れなくなっていた。

『どうせ駄目なら、みんなで謝るべえ』

Aさんは負けた心境をそう語った。部落内に亀裂を深めないための弥縫策である」。[26] 地域の分断は、辛うじて避けられたということか。辛い逃避策である。

さて、一九九〇年に町長が原発誘致を断念した和歌山県日高町の一松輝夫町議会議長と浜一巳比井崎漁協理事に、筆者がインタビューをしている。その一部を引用しよう。

「――町の中はいまは?

浜　以前は推進・反対に分かれて、漁船の進水式でも結婚式でも、推進のなら反対は出ない、反対のなら推進は出ないという状態だった。それがいまは、そんなこと過去にあったかな、というくらいに元に戻りました。漁協では推進派だった理事、反対派だった理事が、いろんな問題で同じように物事を考えられる。そんなふうになってきています。

――町の財政は、やはり厳しいんでしょうね。

一松　大きな企業もない小さな町が、交付金を毎年減らされると死活問題です。

――それでも、原発という話は出てこないのですか。

一松　議会でもいろいろな集まりでも、まったく出てきません。お金はたいへんだけど、また町を割るようなことはしたくないと、推進派にしても身にしみていますから。

浜　日高町は原発をはね返してよかった、と隣り近所の町の人もふくめて誰もが言ってくれています。やめたからこそ町の和が戻った。これがいちばんですね」[27]。

それでも、「『おまえら、そんなことしてたら死んでも葬式出してやらんぞ』と言われたり、関西電力につけられたり先まわりされたり、いろんな目にあいながら」[28]「原発に反対する女の会」を結成した同じ日高町の鈴木静枝は一九九三年七月二九日、「紀伊半島に原発はいらない女たちの会」の合宿で講演し、こう語っている。

「今の日高町は妙な安心ムードになりましてね、小浦（日高町では、小浦と阿尾の二ヵ所が原発立地の候補地とされていた）なんかでも、原発済んだよ、とそう言って、昔の事として、原発に触れないようにして生きています。原発と言うとなんとはなしにそれは、トゲのようなもんで、賛成同士、反対同士の間では何にもないんですけど、反対と賛成の間では原発というのは禁句でして、うっかり言っては平和を掻き乱すような言葉になってしまうので、もうその話題は皆避ける事にしています。やっぱり、私らの喧嘩した年代が死んでしまわない限り、その傷痕というのはとれないだろうと思いますね。

これは、原発に声をかけられて、ひと騒ぎしている町村はどこもかも皆、こんな傷を受けているんだと思います。本当にひどいことですよねえ」[29]。

関西電力は「立地部員を十数人小浦に常駐させ、日常生活を通じ、金をバラまき、対立を煽り、人々を分断する。仲の良かった小浦の村は、朝の挨拶もしないという悲劇の村に変えられてしまった」[30]のだから、それも当然か。

二〇〇三年に東北電力が巻原発計画を断念した新潟県巻町は〇五年に新潟市に吸収合併された。「原発のない住みよい巻町をつくる会」で活動してきた桑原正史が言う。

「現在、旧巻町では、この合併について、『よかった・不便になった』という意見の違いが話題になることがありますが、原発計画が消滅した功罪が話題になることはほとんどありません。『もはや、町民を二分した古傷にさわりたくない』という思いもあるかもしれませんが、それ以上に、すべてを遠い過去のこととして、今はほっとしている気持ちが強いように思います」(31)。

同じく二〇〇三年に珠洲（すず）原発計画が凍結（事実上撤退）された石川県珠洲市の北野進前石川県議会議員は、次のように問題をまとめた。

「どのような終わり方であれ、二九年間立地を阻止してきたことは事実であり、『勝利』には違いない。しかし地域の中に『勝利』に酔いしれる雰囲気などないことは誰もがわかっていた。長年続いた『原発がくればなんとかなる。原発がこないから何もできない』という無気力・無責任行政からの転換、そしてなにより推進・反対の溝をいかに解消するか、反対運動を担ってきた私たちの責任は大きい。

この年の九月の時点で撤退間違いなしの情報を得ていた私は五人の市議に『これからの珠洲は長年の対立の溝を埋めることが一番の課題になる。電力会社の撤退で勝った、勝ったと喜び、地域で勝ち組、負け組をつくるような言動は慎まなければいけない』とお願いした。彼らも同じ思いだった。

電力会社の撤退から九年が経過した。反対派、推進派双方が原発について口をつぐむ中、かつての圧力、いやがらせ、誹謗中傷の数々の傷がすべて癒えたとは言えないが、地域の人間関係は思いのほか早く修復していったことは間違いない。

その一方で、わずか一〇年余り前の地域の歴史を誰も口にしない地域というのはある意味、異常である。これはIターンで珠洲に移り住んだ若者からの指摘であった。あの原発計画はなんだったのか、二九年間の歴史を市民の間でしっかり教訓化していくことがこれからの珠洲にとって必要なことである。

そんな中で起こったのが福島第一原発事故であった。原発誘致の先頭に立っていた人たちからも『やっぱり珠洲に原発がなくてよかった』との声が聞かれる」[32]。

原発計画が次々と断念されていったのは、ねばり強い反対運動があったからであることは間違いない。だからこそ電力会社も、そうした地点での建設に嫌気がさしていた。それでも誘致に固執する自治体の長に対し、東京電力の小牧正二郎常務（当時）は、こう水をかけていた。「立地が相次いで、開発が進むというのも善しあしです。開発はその地域の地縁血縁をズタズタにすることもあるんです。もちろん、地域の所得が増えるのは結構なことですが、そこそこの開発があればいいのでは」[33]。

それから二〇年近く経ったいまでは、電気事業の自由化が進展する中で電力需要は減少し、反対世論の高まる中、原発新増設はもとより既設炉の再稼働も容易ではなくなっている。既設炉の廃止が続くゆえんである。福島原発事故の前に五四基が運転段階にあった日本の原発は、既に二一基が廃止されている。二〇一八年一〇月に女川原発1号機、二〇一九年二月に玄海（げんかい）原発2号機、七月に福島第二原発1〜4号機の廃止決定がなされたように、なお廃止は続いていくだろう。

【注】

（1）木原（二〇一〇）二〇三〜二〇四頁
（2）川口（二〇〇二）二八頁
（3）中西（二〇一二）二一一頁

(4) 同右
(5) 西尾(二〇一七)四頁
(6) 磯部(一九八八)三五頁
(7) 川口(二〇〇二)二八頁
(8) 西尾(二〇一四)一三頁
(9) 朝日新聞山口支局(二〇〇一)三二頁
(10) 中日新聞福井支社・日刊県民福井(二〇〇一)三三頁
(11) 井田(一九八〇)三面
(12) 原(二〇一二)一三三頁
(13) 鎌田(一九八二)七七頁
(14) 斉間(二〇〇二)二〇頁
(15) 剣持(一九八二)一八二~一八三頁
(16) 小島(一九八〇)三面
(17) 朝日新聞福井支局(一九九〇)二〇七頁
(18) 朝日新聞津支局(一九九四)三〇頁
(19) 同二八~二九頁
(20) 赤川(一九八二)一三七~一三八頁
(21) 日本経済新聞(一九七八)二三面
(22) 吉田(一九七三)四二頁
(23) 伊藤(一九八〇)八面
(24) 斉間(二〇〇二)八~九頁
(25) 同二四頁
(26) 鎌田(一九八二)一〇六~一〇七頁
(27) 一松・浜(二〇〇八)二頁

(28) 松浦（一九八九）六三頁
(29) 鈴木（一九九三）二三七頁
(30) 石川（一九八一）三二頁
(31) 桑原（二〇〇六）二面
(32) 北野（二〇〇五）七八頁
(33) 小牧（二〇〇〇）

Ⅱ 女川の漁民は原発建設計画にどのように抵抗したのか

篠原　弘典

はじめに

日本で原発の商業運転が始まったのは一九六六年の東海原発の運転開始からだが、当時公害問題が大きな社会問題になっていて、原発の本格稼働が始まる一九七〇年代には列島改造論が主張され、日本列島の海岸線にコンビナートや原発を建設しようという動きが続いていた。その様な時代に東北電力が女川に原発を建設しようとする問題は始まった。

原子力の夢が語られ、本質的な危険性のまだ見えなかった時代に、全国に一〇〇基もとの計画も語られたが、福島第一原発事故が起こった時に動いていた原発は五四基だった。建設計画が持ち上がった所では強弱はあれその計画に反対する運動が起こり、電力会社に計画を断念させる結果を得た地域も数多い。その住民の抵抗が五四基という数に押し留めたのである。

しかし国策として地域独占の電力会社が推し進めた原発建設の動きは、候補地となった地域のどこでも地域共同体の破壊と人間関係の軋轢を生みだした。各地で起こったその具体例は本章Ⅰの西尾漠氏の論考で詳しく述べられているが、海を守ろうとする漁民の激しい抵抗で計画を一〇年近く延期させた女川でも、同様な事が起こった。

ことの発端となった女川原発1号機を東北電力は昨年一〇月二五日に廃炉にすると発表した。運転開始から三五年目を迎えていた。安全対策工事に巨額の投資が必要となり採算が合わないと判断したとある。この女川原発1号機は建設計画が公表された一九六八年にはすでに設計・製造が始まっていて、運転開始した一九八四年にはすでに旧式で劣化した原発になっていた。その後設計時に想定した地震動（最強地震動S1が二五〇ガル、限界地震動S2が三七五ガル）を超える地震（二〇〇三年五月の三陸南地震と二〇〇五年八月の宮城県沖地震）にたびたび襲われ、想定地震動を五八〇ガルに見直して耐震補強した後に、東日本大震災の引き金になった東北地方太平洋沖地震でその想定をも超えられる事になった。まさに満身創痍の原発になる歴史を歩んで来たのだ。

この様な結果となった現在、女川で起こった原発建設をめぐる歴史をきちんと記録することは地域にとっても大事なことであろう。

なお今回女川湾を中心にした沿岸漁民の原発との闘いの歴史をまとめるにあたって、地元紙「河北新報」の一九六六年から一九七八年までの報道記事を検索し参考にした。

1　はじまり

女川原発建設の動きは一九六七年三月に原子力委員会が女川を原発立地予定地として公表したことに始まるが、通産省が一九六六年度の原子力発電所の立地調査を宮城・青森など四地点で行い女川町小屋取（こやどり）を適地として

女川原発建設地・小屋取鳴浜　天然記念物「鳴り砂」の浜

選んでいた。原子力委員会の公表を受けて、東北電力は一九六七年九月に原発建設の場所を「浪江か女川」にすると当時の平井社長が記者会見で語っているが、自社の原発1号機を女川か浪江と正式決定したのは一九六八年一月に入ってからである。1号機の建設地点を年内に決めたいとし、直ちに宮城・福島の両県に協力を要請し、用地買収に取り掛かるとされた。しかしどちらもスンナリとは行かなかった。

東北電力が女川と浪江を原発建設の候補地として決定した背景には両町の誘致合戦があった。浪江町議会は一九六七年五月に原発誘致決議をあげ、追うように女川町議会は同年九月に原発誘致を全会一致で決めている。翌六八年三月女川町議会は原発誘致運動資金として一〇〇万円を計上し、部落ぐるみや青年団員が東京電力福島原発まで視察に行き世論を盛り上げようとしていた。

同時に計画が始まった両原発だが、その後の動きを分けたのは用地買収が女川では比較的スムーズに進んだのに対して、浪江では難航し福島第一原発事故を受けて最終的に二〇一三年三月に建設計画を断念せざるを得ない結果となった。東北電力では一九六八年三月に宮城県開発公社に用地買収を委託し、一九七三年には福島県開発公社に委託しているのだが、浪江の方では地元の地権者の強固な反対で用地取得は進まなかった。地元農家の舛倉隆氏らの呼び掛けで一四〇戸の住民がまとまり「棚塩(たなしお)原発反対同盟」が結成され、「原発には土地は売らない」のスローガンを掲げて強固な反対運動を続けた。東北電力としては用地買収が終わってから漁業補償や公有水面埋め立ての許可申請をする予定だったので、土地造成や道路敷設などの準備工事にも手を付けられないまま、福島第一原発事故を迎えた。事故を受けて浪江町議会は二〇一一年一二月の定例会で原発誘致決議の白紙撤回を全会一致で決議し、周辺の自治体も建設反対を表明したため、東北電力は二〇一三年三月建設計画を正式断念することを決定した。それだけではなく浪江町の要請を受けて、すでに取得していた発電所用地を二〇一七年一月に浪江町に無償譲渡することも決めざるを得なくなった。原発の建設を止めるためには土地を売らないことが最も大きな力になることを、浪江原発の事例は物語っている。

2　女川での初めの動き

一方女川ではこの「原発には土地を売らない」という運動の形を作れなかった。原子力が始まろうとしている時代、夢が語られていてまだ原子力がもたらす被害の実態が見えなかった時期に、候補地となって相次いで訪れる調査団を迎えて、後に反対運動の中心となる浜の主婦層や青年層は立ち遅れた郷土開発に夢を抱く一方、漁業を支える中・老年層も漁業の将来に不安を感じながらも誘致に賛成する状態だった。地元の反対もなく決定されるだろうと見られていた。

女川原発の建設予定地は女川町と牡鹿町（後に石巻市に合併）にまたがっていたが、女川地区一五〇万平方メートル、牡鹿地区は三〇万平方メートルで女川地区の地権者は六三戸だった。一九六八年一月六日に東北電力は原発建設計画を「七一年二月着工、七五年一二月運転開始」と正式発表するが、二月に入って六日に用地買収と漁業補償の円満解決をはかるために、女川町公民館に町幹部・町議・漁協組・農業委代表らを招いて説明会を開き、一〇日には現地の塚浜・小屋取地区でも同様の説明会を開いている。女川町当局と町議会の働きかけもあって、二二日には地権者から立ち入り調査の承諾を得て、東北電力は三月に入ると女川地区の立ち入り測量を始め、動きは急速に具体化して行く。四月初めには東北電力が宮城県開発公社に委託買収を要請し、地権者立ち合いの境界の一筆調査も進められ、当初調査に反対していた六名の地権者も八月までには同意し、牡鹿地区の地権者二〇人も調査に応じ、用地買収は進んだ。

　用地買収の動きが進む一方で東北電力が関係漁協に協力を依頼していた海象調査についても、一一月一六日に女川町漁協塚浜支部が支部臨時総会で「海象調査に同意した事が建設に同意した事にならないなら」との条件をつけて同意したことを受けて、女川町漁協が二一日に町役場を通じて東北電力に海象調査の同意書を出したことによって、一九六九年一月一五日には開始されることになる。この頃はまだ女川町漁協の態度は定まっていなかった。

　こうして用地買収と海象調査の動きが進む中、宮城県への地元からの建設反対・建設促進の陳情の動きも繰り返されていた。雄勝町当局と牡鹿町の漁民が建設反対の陳情を行ったのに対して、六八年九月二六日には木村主税女川町長と後藤喜三郎牡鹿町長が両町の執行部や町議と共に県庁を訪れ、当時の高橋進太郎知事に建設促進を陳情している。それだけではなく一〇月に入ってからも現地塚浜小屋取（つかはまこやどり）原発対策協議会総合本部（遠藤卯太郎本部長）の漁民が県庁に高橋知事を訪れ、原子炉の安全性保障など六項目を申し入れ、「原子炉の安全性が保障されない限り、建設には反対である」と述べている。原発への不安は大きくなりつつあった。[1]

これらの相次ぐ陳情を受けて、反対の声が大きくなっていくのを抑えようとして、この頃宮城県は女川・牡鹿両町や東北電力との共催で一連の「原子力講演会と座談会」を開催する。一〇月一九日には女川町公民館で女川・牡鹿・雄勝三町の町議や漁業関係者四〇〇人を前に都甲泰正東京大学教授が「放射性廃棄物の安全性について」と題する講演を行い、これとは別に町議会で反対決議を挙げている雄勝町は一〇月二〇日雄勝町公民館で藤平力東北大学工学部助教授の講演会を開いた。翌月に入っても一一月二四日に雄勝町が水浜小学校で服部学立教大学教授の講演会、二六日には女川町公民館で塩川孝信東北大学理学部教授の講演会が開かれ、集落ごとにも開催された講演会も含めて一〇月下旬から一一月末までに一〇回開催とされている。講師の選び方に女川・雄勝両町の原発に対する姿勢が表われている。

当初反対もなく決定されるだろうと見られていた状況が、この頃から賛成・反対に分かれて激しくせめぎ合う状況へと変わって行った。

3　反対同盟の結成と漁協での反対決議

宮城県開発公社による女川町側地権者との土地買収交渉は「異例の短期間」で六九年三月二六日に基本協定の調印が行われた。東北電力は五月六日に「塚浜現地調査所」を開設し、調査工事に着手している。女川の場合「土地を売らない」という抵抗は出来なかったが、漁民のなかに原発によって生活の基盤である海を壊される不安が広がって、反対運動の芽は育って行っていた。

六九年になって一月二五日に西島俊一雄勝湾漁協組合長を代表とする「女川原発設置反対女川・雄勝・牡鹿三町期成同盟会」が結成されることになった。雄勝町・牡鹿町は平成の大合併で石巻市に併合されるが、女川町の北部に位置する隣町の雄勝町は漁協とともに原発反対の急先鋒だった。

女川原発建設計画が浮上し、女川・牡鹿両町議会が早々と誘致決議を挙げる一方で、雄勝町では漁民の中に建設反対の声が広がり、雄勝湾漁協の大勢となり、町議会に対して原発反対決議の請願を出す動きとなった。この請願を受けて町議会では六八年六月五日に請願を採択して反対決議をあげ、雄勝町議会はただちに県と東北電力に反対の申入れを行っている。

この雄勝の漁民の強固な反対の姿勢は、最後まで女川の反対運動を支える大きな力になったのだが、土地買収や漁業補償などの金の問題が絡んでいない立場がより揺るぎない姿勢を貫き通す原動力になった。またそれだけではなく地域性もあったように思う。女川から行くと雄勝町は、特に雄勝東部漁協のある大須のあたりは行き詰まる場所にあったが、外からの者に対しても開放的で包容力があった。外洋に面していて遠洋漁業に出る人もあって、その地域性が育まれたのかと想像される。

一月二五日の「三町期成同盟会」の設立総会は女川水産会館で開かれた。雄勝町、女川町尾浦・竹の浦、塚浜、牡鹿町前網・谷川などから沿岸漁民九〇人が集まった。前網地区の「原発反対対策協議会」の鈴木武雄会長を議長にして、原発による水産公害の不安を確認して議事に入り、三町漁民約四五〇〇人を一丸とする「三町期成同盟会」の設立を満場一致で決めた。さらに会長に雄勝湾漁協組合長の西島俊一氏、副会長に阿部宗悦（女川）、鈴木武夫（牡鹿）、阿部幸次郎（雄勝）の三氏を選んで、「原発絶対反対」の決議文を採択して散会している。[2]

この「三町期成同盟会」の結成によって女川の漁民の動きも活性化し、六月一四日の女川町漁協通常総会で原発立地反対決議を挙げる動きに発展して行った。原発の建設を止めるためには「土地を売らない」ことが最も大きな力になるのだが、女川の漁民にとっては漁業権を譲り渡さないことが大きな武器になった。海岸に立地する日本の原発では岸壁などの建設のために公有水面埋め立ての許可を取得することが必要であるが、その場所に漁民は「漁業権」という死活の権利を持っていて、その漁業権の放棄に同意しなければ埋め立ては出来ない。漁民にとって生活に直結する問題なので、漁協の組合員の三分の二の賛成がなければ漁業権放棄は決議出来ないのだ。強固な反対の意志でこの漁業権放棄に同意しない運動がこの後続き、何度も建設着工を延期させることになる。

4　反対運動の高揚と着工時期の延期

雄勝から女川・牡鹿の漁民に広がった女川原発建設反対の運動は、さらに宮城県漁連中部ブロックの漁協へも広がりを見せて行く。一九七〇年九月二九日に石巻市で開かれた宮城県汚水公害対策漁民大会で「原発設置反対」が決議される動きに発展して行った。

この様に反対運動が高揚をみせる一方で、電源開発調整審議会が七〇年五月二九日に女川原発を認可したのを受けて、東北電力は六月四日に原子力委員会に原子炉の安全審査を申請した。この当時総工費は三七二億円とされている。（完成時には二三六一億円になった）この申請に対して通産省の安全審査委員会は一一月一六日に合格を出し、当時の佐藤栄作内閣総理大臣が一二月一〇日に原子炉設置許可を出している。東日本大震災で停止した女川原発2号機を再稼働させようとして、東北電力が二〇一三年一二月二七日に原子力規制委員会に出した新規制基準への適合性審査申請が、五年以上掛かっても結論を出せないでいる現在の状況からみれば、当時の審査がいかにズサンであったのかが窺えるのである。

東北電力が当初発表した「七一年二月」着工に向けてこうした動きが続く中、「三町期成同盟会」は建設反対の意志を示すために、七〇年一〇月二三日女川港海岸広場を会場にして初めての「女川原発設置反対漁民総決起大会」を開くことになる。一〇月一八日宮城県漁連中部組合長会議が臨時総会を開いて全面的に支援することを決めたことが後押しになった。

当日は午前一〇時から三町期成同盟会、県漁連中部ブロックの三七漁協からの代表など合わせて二千人が集まり、集会、町内でのデモ行進のあと、同港に集結した一八〇隻の漁船で女川港での海上デモも行われている。残っている記録写真には厳しい表情の漁民たちと「漁民の声を無視するな」「子孫のためにも原発反対」などと書かれた手作りのプラカードやのぼり旗が写っている。

〔写真上〕繰り返された原発建設反対総決起集会
〔下〕海岸広場を埋め尽くした漁民たち

翌七一年一月一七日にも女川町で二度目の総決起集会が開かれ、第一回大会を上回る三千人が集まって、二月着工を目指して説得工作を急いでいた東北電力側の建設計画にブレーキをかけるかたちになる。東北電力は女川漁協でも特に反対の強かった北部地区（北浦と呼ばれる）漁民の個別の説得を行う一方、女川の上水道拡張に一億七千万円の協力費を出すなどしてなり

漁民の前に立ちはだかる警察機動隊

ふり構わない動きを見せていたのだ。

この様な「三町期成同盟会」の総決起集会は七一年三月、八月、七二年四月にも開催され、七三年一〇月一四日の第六回大会まで毎回二千人から三千人の漁民・町民を集めて大きな原発建設反対のエネルギーを示したが、一方でこの運動を押し潰そうとする権力の動きも強まって、警察機動隊が集会会場まで押し入り、逮捕者がでる事態にまで発展して行った。この警察機動隊は集会の場だけでなく、その後説明会や漁協総会にもたびたび登場することになるが、最初は普通の制服だったものが、ある時期からジュラルミンの盾の装備を持って漁民の前に立ちはだかり、盾を振り上げて漁民を殴る様にもなって行った。

5　漁協上層部の切り崩しと行政の動き

漁民の反対運動が盛り上がりを見せ着工延期せざるを得ない状況の中で、七二年に入って漁協上層部への働きかけを宮城県当局が強めて行くことになる。

当時の山本壮一郎知事は七二年二月五日女川町議会や各漁協代表と話し合って、牡鹿町の前網、鮫ノ浦、寄磯の三漁協を条件付きの話し合いに応じることに同意させたのに続いて、三月一〇日には知事公館に女川町議会代表及び反対派の女川、出島両漁協代表を招いて放射線量を国基準の百分の一にする県の方針を示すなどして説得工作を行っている。さらには七月には山本知事が女川現地に行って地元漁民との懇談会を開いたのをはじめ、一一月には知事名で女川町漁協組合あてに書簡を送り、「地元代表を加えた協議会を設置して放射能を常時測定することや魚価安定策と種々の漁業振興対策を講じる」ことなどの懐柔策を示している。(3)

これらの宮城県の働きかけを受けて、女川町漁協（鈴木庄吉組合長）上層部の態度が軟化し、反対の態度は変わったわけではないとしながらも、県の立ち合いの上で話し合いに応じる方針に転換していった。

七二年一二月二六日の役員会で「補償金の問題も含めて、東北電力から具体的な条件を直接聞く」ことを決めている。この役員会ではこの決定を実行に移す前提として、原発汚水公害対策委員会の了承を得ることと「三町期成同盟会」との協議を行うことも決めているが、明らかな方針の転換である。あくまでも反対の態度を貫くのであれば、条件を聞くということはあり得ない。一歩譲れば力の強い者に飲み込まれるのであり、あくまでも話し合いを拒否したのが浪江の「棚塩原発反対同盟」で、その事が明暗を分ける結果となっている。

漁業補償交渉が進まず着工が出来ないまま迎えた一九七三年の三月三〇日に、東北電力の若林社長は七五年一二月としていた運転開始を七七年三月に変更すると表明するが、賛成・反対の動きが活発化する中で、女川町議会でも継続審議扱いが続いていた女川原発建設をめぐる三つの請願の取扱いを巡っても大きな動きが起こって行った。七一年六月から出されていた三つの請願は「女川原発早期建設について」（女川町五部浦地域開発協議会提出）「原発女川町設置の取りやめを求める請願」（高橋淳提出）「原発建設反対にかかる請願」（女川町漁協、出島漁協連名）だが、七三年の九月定例会まで、漁民への刺激を避けるためとして九回継続審議とされて来ていた。

その請願を建設への動きを加速させようとする賛成派の働きかけで、七三年九月二九日に開かれた町議会の請願審査特別委員会で、出席議員二五人の起立採決の結果、一六対八（議長を除く）で建設反対の二請願が否決さ

行政との交渉も繰り返された

れ、建設促進の請願の採択が決められたのだ。当日は四〇席しかない傍聴席を一七四人の傍聴人が埋め、「強行採決だ」「町長は退陣せよ」などの声があがって騒然となる状態だった。[4]

賛成派の議会工作で一度は委員会採択された建設促進の請願だが、反対派漁民の巻き返しで一〇月三日の本会議で再び継続審議となる動きが起こった。本会議で請願の紹介議員の一人（木村寅治郎氏）から原発請願三件を改めて審議し直すよう求める緊急動議が出されて話し合いの結果、継続審議となることが決まった。この請願を巡る町議会での動きは賛成・反対のせめぎ合いが当時いかに激しかったかを物語る出来事だった。そして漁協上層部に話し合いの機運が広まる中、反対運動に油をそそぐ結果ともなる。

七三年一〇月一四日に「三町期成同盟会」が久しぶりに総決起集会を開催し、その決議文を持って一〇月二九日に同盟会の漁民、主婦ら二五〇人がバス五台を連ねて宮城県庁を訪れ、大槻副知事に陳情書を手渡し、計画の白紙撤回を改めて要求した。

当時本格稼働を始めた各地の原発でトラブルが多発し始めており、交渉に同行した西島俊一雄勝湾漁協組合長は「東北電力と県は零細な漁民を圧力で屈服させ、あすにも建設を強行しようとしている。国内の原発は全部が全部事故を起こしており、絶対安全が確認されるまで計画を白紙還元してほしい」と訴えている。(5)

6 対立の激化と新たな反対運動の始まり

七二年末に役員会で話し合いに応じる方針を決めた女川町漁協だが、一般漁民の間に反対の声は根強く賛成・反対の対立も深まって、組合として漁協総会で東北電力と交渉することが決まるのは、七七年一月一一日に女川町公民館で開かれた臨時総会である。

それでも東北電力との個別の交渉は進展していて、牡鹿町が東北電力と安全協定を結ぶという覚書を取り交わし、漁民に対する漁業補償の仮払いが実施され、また女川町の漁協支部が組合本部に「電力、県、町との話し合い促進」を要望することを決めるなどの動きが起こる中、焦点となったのが七四年六月一〇日に開かれた女川町漁協の定期総会だった。野々浜、塚浜、大石原、横浦の四支部五人から「県、電力と話し合いに入れ」との緊急動議が出された。しかし表向きは「反対の態度は従来通り堅持する」と言明していた鈴木庄吉組合長が、この動議を採決しようとする議長をさえぎり、「簡単に決めるべきではないので、役員会で決めよという提案の趣旨を生かしたい」として総会での議論を打ち切っている。(6)

その後六月二六日に漁協事務所二階の会議室で開かれた役員会でも、総会での組合長の答弁通りで臨むことが了承されている。「反対の態度は堅持するが、安全性について県と話し合う用意はある」とする組合長の発言は、組合内部の混とんとした状態を物語っていた。(7)

女川町漁協での賛成・反対の対立が激化する中、この頃牡鹿町の漁協と東北電力との話し合いが進行していた。

関係する前網、寄磯、鮫ノ浦の三漁協のうち、鮫ノ浦漁協は七四年三月に、寄磯漁協は六月に、一戸当たり百万円の漁業補償の仮払い金額で東北電力と同意していたが、原発建設で消滅する五〇万平方メートルの漁場のうち一〇万平方メートルの漁業権を持つ前網漁協（渡辺孝組合長、二七戸五一人）との補償交渉は、七四年一一月七日に決着することになった。前網漁協がこの日午前に臨時総会を開き、女川原発建設に同意し、漁業補償の一部を受け取ることを賛成多数で決定し、午後から町役場で町当局立ち合いのもと、東北電力と「女川原発漁業補償協定書」に調印した。協定の内容は「漁協は原発設置、運転に伴い生じる漁業上の損失が補償されることを条件として、温排水施設建設に同意する。漁業補償の一部として五千四百万を漁協に支払う」という内容だった。一戸当たり二百万円の金額である。[8]その後女川漁協も漁業補償の金額を上積みすることを求めて交渉を繰り返すが、結局安全の問題ではなく、お金で解決が図られることになった。労せずして受け取る補償金や協力金といった金銭が漁民の生活を破壊してしまうという事例は女川でも起こっている。

この様に牡鹿町の漁民が原発建設に同意する動きの中で、同じ牡鹿町泊浜地区の漁民が新たに反対運動に加わる動きも起こって来た。七四年四月泊浜漁協が「泊浜全漁民女川原発反対期成同盟会」（平塚恒夫会長）を結成し、牡鹿町泊浜婦人会（阿部まさ子会長）とともに一二月五日県と東北電力を訪れて、「女川原発は泊浜漁協の漁場にも影響がある」として正式に建設反対の申し入れを行っている。この遅れて反対運動に参加した泊浜の漁民たちは、後期の反対運動を支える大きな力となった。女川での反対集会には船止めをして漁船に乗って五〇人位が参加していた。女川湾に面しておらず漁業補償の対象外だったことが純粋に海を守ろうとしてまとまって最後まで反対を貫く力になったと浜の漁師は語っている。

7　宮城県と女川漁協の原発問題研究会の設立と説得工作

徐々に外堀が埋められては来ていたが、女川漁協との漁業補償の話し合いが進まないまま、七五年三月になって東北電力は七八年三月運転開始の計画を七九年春以降とする三度目の延期をせざるを得なくなった。

女川漁協の漁業権放棄が焦点となる中、七五年一月三〇日に県と女川漁協で原発問題研究会（鈴木庄吉会長）が設立され、二月一二日から四日間島根県鹿島町にある中国電力島根原発に視察調査に行っている。漁民に残る不安、不満を解消しようとするものだが、やはり原発のことをよく分かっていないまま計画が進められていたことを物語っている。六月一六日女川町公民館で開かれた女川漁協の定期総会では、鈴木組合長が冒頭挨拶で「原発についてはいろいろ問題があり調査が必要だ。県と組合でつくった研究会を通じ勉強して行く」と方針を述べている[9]。

その後県と女川漁協の研究会の動きに女川町・町議会も加わって七五年九月一二日に仙台市の婦人会館で懇談会が開かれた。町民の中に賛否両論が渦巻くなかで静観の態度をとっていた町当局と町議会が動き始めたのだが、音頭を取ったのは当時の阿部勝治町議会議長で、漁協から鈴木組合長ら五〇人、議会側から正副議長、常任委員長ら一三人、町当局からは木村主税町長ら七人、県から田村一夫水産林業部長らが出席している。

さらに宮城県は反対運動の中心で話し合いを拒否していた、女川町出島漁協（須田友吉組合長）と雄勝町の原発設置反対運動推進協（会長・阿部徳治郎町長）にも懇談会の開催を呼び掛けて行った。水産林業部の呼び掛けで一〇月一四日に仙台市水産会館で開かれた出島漁協との懇談会、そして一七日に雄勝湾漁協で開かれた雄勝町反対協との懇談会で、田村水産林業部長は原発問題の話し合いの重要性を強調、漁民の立場で女川原発計画を検討する機会を持とうと呼びかけている。この雄勝町との懇談会が開かれた一〇月一七日には、女川漁協も役員・支部長会議を開いて、東北電力から聞き取った女川原発計画の概要をまとめたパンフレットを作って全組合員に配布することを決め、ますます漁民への説得工作が強まって行った。

8　反対運動の再構築と活動の活性化

この様に女川漁協上層部が話し合い路線に傾倒して行って、「三町期成同盟会」（当時会長は鈴木庄吉女川町漁協組合長）の行動力が失われていくなかで、反対運動を活性化させるために一九七三年九月に結成されていた「女川原発反対同盟活動者会議」（代表阿部宗悦女川町議）が動き始めたのが七五年一二月だった。一二月二一日に東北電力が開こうとした現地説明会を阻止した「活動者会議」は一二月七日に女川町海岸広場で七三年一〇月以来久しぶりに原発反対総決起集会を開くことにした。

その後七六年三月七日には町民の組織「女川原発反対町民会議」（志村孝治議長）も結成され七六年六月一三日、九月一三日、七七年一二月一八日、そして七八年八月六日にも、建設反対の意

大津波で今は無い女川町内でのデモ行進

志を示すために、千人から三千人規模の人々が集まって現地集会が開催されていった。

反対派漁民の活動が活性化するなか、七六年三月三〇日に宮城県が開こうとした説明会である「事件」が起こった。この説明会は三月一七日の女川漁協の拡大会議での決定で、漁協内の原発汚水公害対策委員五五人が出席する予定だったが、拡大会議のやり方が姑息だと批判する反対派漁民が、説明会当日朝に女川から会場の仙台市水産会館に向かおうとするバスの出発を阻止する行動に出た。そして出席を断念した役員らに「説明会は流会」と宣言させた。それでもひそかに仙台まで駆けつけた組合員二八人が出席、二時間遅れで開催された説明会の有効・無効をめぐって漁協内部で対立が続いた。

この事件には余波がある。拡大会議や説明会のやり方が正々堂々としていないと怒った漁民たちが鈴木庄吉組合長を囲んで辞職誓約書に判をつかせたことを「事件」として調べ始めた石巻署は、女川漁協の要請で四月二日に漁協の職員から事情を聴くことになった。一方鈴木組合長は辞職誓約書に判をついたあとに「辞めると言った以上責任を取る」と正式辞表を出したため、役員会を開いて取り扱いを決めるという動きになっていった。四月七日に町公民館で開かれた役員会では、反対派の阿部助雄理事（飯子浜）から「組合長はこれまでの責任を取って辞表を出したのだから、その趣旨を尊重すべきだ」との発言も出されて紛糾したが、留任してもらうことを決め、辞表撤回を申し入れることになった。漁協役員会内部の激しさを物語るエピソードだ(10)。

9　東北電力の交渉申入れと漁協総会

この様に女川漁協の内部対立が一段と激しくなる中で迎える七六年六月二一日開催の定期総会を前にして、東北電力は六月三日女川漁協と女川町、町議会に対して建設促進のために協力してほしいとの要請書を手渡し、女川漁協には漁業補償の直接交渉も申し入れた。

この申し入れにどう対応するかが焦点となる総会を前にして、六月一三日、女川原発反対同盟活動者会議（鈴木捷二委員長）女川原発反対町民会議（志村孝治議長）牡鹿町泊浜反対同盟（松山三千男委員長）雄勝町東部原発反対行動委員会の四団体が主催して、現地総決起集会が開かれた。漁民や浜の主婦が大半の千五百人の参加者の数もそうだが、次々と決意表明した出島・寺間（女川町出島）寄磯・前網（牡鹿町）や女川町漁協北部支部などの面々は長く反対運動を支えて来た人々で、その信念の強さを表現している集会だった。四団体の一五〇人は一四日東北電力、仙台通産局、宮城県を訪れて女川原発建設の白紙撤回と総会の混乱回避を申し入れている。

一方、女川町と原発対策議員懇談会（会長阿部勝治町議会議長）は一六日町公民館で宮城県の大槻副知事ほか水産林業、企画、衛生、生活環境の各部課長を招いて「原発問題懇談会」を開いている。招かれた町内の三十六団体六百人が参加したが、会場に集まった反対派漁民五〇人が入場制限されて町役場職員に抗議する場面もあった。

この様にして行われた女川町漁協総会は会場内外が騒然とする雰囲気の中で進められた。総会で原発反対決議がひっくり返されることを危惧した雄勝町東部漁協、雄勝湾漁協、牡鹿町泊浜漁協、出島漁協などの漁民も駆けつけ、傍聴を求める三百人とそれを排除しようとする機動隊が小競合いになるなど騒然とした状態となった。会場内の議事運営についても、東北電力との話し合いを執行部に一任したという意見と、採決をとらなかったので何も決まらなかったとの意見に分かれた。「活動者会議」はこの総会を前にして東北電力が町職員や町議そして一部組合員を石巻市のホテルや料亭に招いて接待した事を贈収賄、漁業法違反で告発する準備を進めるなど、ますます漁民同士の溝が深まって行った。

10　漁業権放棄に向けた攻防

議事運営に関して意見が分かれ曖昧のまま終わった定期総会だったが、東北電力との話し合いが決まるのは七七年一月一一日に町公民館で開かれた原発を議題とする臨時総会である。この総会にも町内外から二〇〇人の反対漁民が駆けつけ大荒れの総会となった。総会には東北電力と話し合うにあたって「漁業補償も含めて、原発公害汚水対策委にゆだねる」との議案が出されて採決が行われた。当時組合員数は五八六人であったが三二四対二〇六の賛成多数で可決された。しかし過半数で可決はされたが、漁業権放棄に必要な三分の二には達しておらず、この結果に対して賛成・反対両派の評価は分かれたままだった。

そしてこの総会での議決を受けて、女川町は三月五日と三月二五日に、仙台市の斉藤報恩館で女川漁協、宮城県、通産省の関係者を招いて原発の安全性などの説明会を開催する事になる。町の主催する説明会が仙台で行われるのも不思議だが、前回出発を阻止されたのを受けて石巻署に警備要請したのも異様だった。国からは安全対策の仕組み、県からは安全協定の骨子案などの説明があったが、二回目の説明会で、初めて出席した東北電力が総額三二億円の漁業補償額を突然提示して驚きが走った(11)。

この突然の攻勢に対して二月の臨時総会で役員を改選し組織を立て直した「三町期成同盟会」（阿部宗悦会長）は三月二七日に女川町の海岸広場で二千名参加の集会を開き、翌二八日には二百人が仙台まで出向き県、東北電力、仙台通産局に抗議行動を行っている。

さらに五月二二日にも「三町期成同盟会」と「原水禁県民会議」（小林茂太郎代表委員）主催で三千人の集会が開かれており、この日は久しぶりに漁船五十九隻を連ねた鳴浜までの海上デモも行われて、あくまでも原発建

漁業権放棄を否決した七七年臨時漁協総会

設を阻止する意思表示が行われた。

東北電力から三二億円の漁業補償額を提示された、女川町漁協、県、町、東北電力の四者の話し合い（確認会議と呼ばれた）は四月二五日、八月一二日にも三回目、四回目が行われ、三回目で漁協側が補償額の再考を求めたのに対し、東北電力は四回目で七億五千万円上積みの最終案を示し、補償とは別に漁協に対し漁業振興資金として十一億五千万円出すことを提案し、「この額が当社が出せるギリギリいっぱいの額だ」と強調した(12)。四者の説明会は安全性よりはお金の問題に移って行った。

東北電力からの漁業補償額の最終案の提示を受けて、漁業権放棄に同意するかどうかを決める総会の開催を迫られた女川町漁協は、紆余曲折を経て、七七年一一月一四日に女川町役場で開かれた役員会で、臨時総会を一一月二五日に開き、建設反対の決議を撤回し建設同意の可否を決める議案と、漁業権消滅の賛否が議題となることを決めた。

この様にして準備万端整ったとして開催された臨時総会だったが、結果は町や東北電力、そして漁協や賛成派漁民にショックを与える結果だった。建設同意の議案は賛成三六五票、反対二〇七票の過半数で可決されたが、漁業権消滅の議案は賛成三六二票、反対二〇九票で賛成が三分の二に届かず否決されたのだ。

臨時総会の結果を見守ろうと反対派の支援に集まった千人を超える漁民や町民からは万歳が起こり、反対同盟の阿部七男青年行動隊長の胴上げも始まったが、鈴木庄吉組合長は「もうこれ以上、この問題にかかわるのは御免だ」と語り、木村女川町長もガックリと肩を落とし落胆の色を隠さなかった。[13]

11 権力と大企業の逆襲

原発を作ろうとする人々が満を持して臨んだ総会で漁業権放棄が否決されたのであるから、原発建設はもう一〇年遠のくのかと思われたのだが、権力と大企業はそんなには甘くはなかった。

臨時総会での成果を受けて、「三町期成同盟会」は一二月一八日に「人類の生存をかけた女川原発白紙撤回をかちとる総決起集会」を千八百人の参加で開催したが、三人が道交法違反や公務執行妨害で逮捕された。また臨時総会前の宣伝合戦で町と血気盛んな青年行動隊の間で起こった些細なトラブルを理由にして、早朝静かな漁村に器物破損の容疑で機動隊が入り、二人の若い漁民を逮捕して行く事件も起こった。権力で反対運動を潰そうとする意志が表われていた。また東北電力のＰＲ活動や反対派漁民に対する説得工作（買収工作）も続けられたし、石巻商工会議所をはじめ女川、牡鹿町議会、商工会などが原発促進の決議を挙げるなど外堀を埋める動きも強まっていった。

この様な動きが続くなか、七八年六月二四日に開かれた女川町漁協の定期総会で組合員から出された緊急動議で、漁業権消滅を再審議する臨時総会を開くことが提案され、賛成三九六票、反対一八三票の賛成多数で可決されてしまった。前年一一月二五日の臨時総会から賛成票が三四票上積みされたことになる。

さらに漁民の懐柔策として女川町漁協と東北電力、宮城県の間で補償金上積みの折衝も行われて、山本知事の裁定で補償金の上積みを四億五千万円とし総額五十五億五千万円とすることも決まっていった。

この様な工作が続けられて、漁業権の喪失を審議する臨時総会が八月二八日に開かれることになる。五十五億五千万円の漁業補償費配分の基本要綱も総会の席上で報告されることになった。

こうして迎えた臨時総会での投票は漁業権喪失に賛成が四五四票、反対が一二四票で漁業権放棄が決まり、漁民は抵抗の武器を失ってしまう。人の心がそんなに簡単に変わるはずもなく、権力と大企業の攻勢がいかに激しかったかを結果は物語っている[14]。

半年後の一九七九年三月二八日に米国スリーマイル島原発事故が起こった。もし漁民の闘いがあと半年持ちこたえられていれば状況は変わったのではないかと思われたが、歴史に「たられば」はない。福島原発事故が起こった今、書いて来た女川の歴史に関わった人々はどの様に考えているのだろうか。

おわりに

「三町期成同盟会」の結成から漁業権放棄の臨時総会まででも一〇年の歳月が流れている。その間女川の漁民は賛成・反対に分断されて激しく争い、地域共同体が破壊され、人間関係もギクシャクし、紆余

建設中の女川原発１号機

曲折の歴史の中で心にも大きな傷を負った。七七年の臨時総会で漁業権放棄が否決された時に、鈴木庄吉女川町漁協組合長が語った「もうこれ以上、この問題にかかわるのは御免だ」という言葉が、そのことを象徴している。

一〇年以上に及ぶ女川の漁民の闘いの歴史を出来るだけ掬い取ろうとして書き続けて来たが、多くの事がこぼれていってしまっている。この歴史に名前を刻んだ人々のほとんどは、東日本大震災の前に病を得て亡くなり、大津波に呑まれて亡くなり、そしてその後の厳しい避難生活の中で命を落としている。

女川原発1号機が一九八四年に営業運転を開始して以降、2号機・3号機も建設され、女川の町は物の言えない東北電力の原発城下町になって行った。その町を東日本大震災の大津波が襲い町の七割が破壊されてしまった。今女川は復興に向けて新たな歩みを続けている。復興のトップランナーと言われることも多く若者たちの活躍も目立っている。

しかしいつも不思議に思うのだが、女川の未来にとって最も重要な原発問題について語られることがほとんど無いのだ。長く激しい闘いを続けたが、権力と金力を持った大きな力に押しつぶされた記憶が年配の人たちには今も残っていて口を重くしている。復興に取り組む若い人たちは大きな力を見ないようにしている様にも思える。

南三陸のリアス式海岸に位置し、豊かな漁場に恵まれた女川町は、これからも原発に頼る道を選んでいくのか。それとも地産地消の地域で循環できる未来を選ぶのか、問われているのではないだろうか。

【注】

（1）河北新報・一九六八年一〇月一八日・朝刊・六面
（2）河北新報・一九六九年一月二六日・朝刊・八面
（3）河北新報・一九七三年三月三一日・夕刊・一面

（4）河北新報・一九七三年九月三〇日・朝刊・一面
（5）河北新報・一九七三年一〇月二九日・夕刊・一面
（6）河北新報・一九七四年六月一一日・朝刊・八面
（7）河北新報・一九七四年六月二七日・朝刊・八面
（8）河北新報・一九七四年一一月八日・朝刊・一八面
（9）河北新報・一九七五年六月一七日・朝刊・八面
（10）河北新報・一九七六年四月八日・朝刊・八面
（11）河北新報・一九七七年三月二六日・朝刊・一〇面
（12）河北新報・一九七七年八月一三日・朝刊・一面
（13）河北新報・一九七七年一一月二六日・朝刊・八面
（14）河北新報・一九七八年八月二八日・夕刊・一面

Ⅲ 原発立地を撥ね返した地域
——地元住民の感性と論理

半田　正樹

はじめに

二〇一一年「3・11東日本大震災」からすでに八年半が経過した。東京電力福島第一原子力発電所災害以前に運転段階にあった五四基の国内の原子力発電所（以下、原発）のうち、すでに二四基の廃炉（含検討中）が決まり、現時点で稼働しているのは九基となった。[1]

周知のように、日本の原発は「電気事業法」により一定の間隔で定期検査を受けることになっており、[2]震災で停止しなかった原発も順次、定期検査のために運転を停止した。定期検査後も、地元住民の不安だけでなく国民の一般的感情にたいする「忖度」「遠慮」が働き、各原発は運転再開ができないまま、二〇一二年五月五日に国内の全原発が停止した。しかし、その後、時間の経過とともに「忖度」は急速に消え去り、むしろ「開き直り」や「思い上がり」が目につくようになり、現在は九基が再稼働の状態にある。

ところで、国内の五四基が立地する地点・地域は十七を数えるが、原発の建設を断念させた地域が五十三にのぼっていることはあまり知られていない[3]〔図1　次頁〕。したがって、原発の立地を「受け入れた」地点の三倍以上の地域で原発を拒んだ事実を過不足なく評価し、見極めることに社会的・歴史的意味があるのではないかと思われる。

そこで、原発を断固として拒否し、その侵入を撥ね返したいくつかの事例を取り上げながら、その撥ね返した主体とその主張、および主張の仕方（表現方法）などから見えてくるものを読み解いてみたい。

1　原発建設の「意志」―呼び込む側と持ち込む側

すでに指摘されてきたことではあるが、〔図1〕からも見て取れるように、原発が現に立地している地点も、原発の侵入を撥ね返した地域も、いずれも海に面した日本列島の中心部からは遠く離れたところに位置している。首都東京からはいうまでもなく、各地方の主要都市からも隔たっているという点で共通している。すなわち、原発は、現代経済社会の要所から遠く離れた空間でのみ「立地の意志」を表すことができることを示唆する。

あるいは、「立地の意志」を持つ側でさえ、「立地」をもくろむ当のものが手に負えないものであり、それからできるかぎり離れていたいという他意があることを示しているとも読める。では、「立地」を試みようとする者さえ、それから離れていたいと意識するもの、すなわち「原発」を、「立地」させると決断するさいに標的とする場所とはどこなのだろうか。それは、「立地」させようとする者が、自ら手に余るものでもなおそれを受け容れるだろうと「主観的に」見なした場所にほかならない。

それは、次のような〈場所〉であったことがわかっている。

例えば、和歌山県西牟婁郡日置川町（現白浜町）。同町は、一九七〇年代に国内の産業構造の変化にともなう

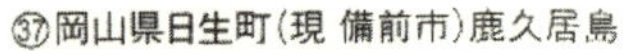

①北海道稚内市
②北海道浜益村(現 石狩市)
③北海道北檜山町(現 せたな町)
④北海道大成町(現 せたな町)
⑤北海道松前町
⑥青森県市浦村(現 五所川原市)
⑦青森県東通村蒲野沢・野牛
⑧青森県上北郡
⑨岩手県久慈市侍浜町本波
⑩岩手県田野畑村
⑪岩手県田老町(現 宮古市)
⑫秋田県能代市浅内
⑬秋田県由利本荘市岩城亀田亀田町鶴岡
⑭福島県浪江町・小高町(現 南相馬市)
⑮新潟県巻町(現 新潟市)
⑯石川県珠洲市
⑰福井県川西町(現 福井市)三里浜
⑱福井県小浜市
⑲三重県紀勢町(現 大紀町)・南島町(現 南伊勢町)芦浜
⑳三重県紀伊長島町(現 紀北町)城ノ浜
㉑三重県海山町(現 紀北町)大白浜
㉒三重県熊野市井内浦
㉓京都府舞鶴市
㉔京都府宮津市
㉕京都府久美浜町(現 京丹後市)
㉖兵庫県香住町(現 香美町)
㉗兵庫県浜坂町(現 新温泉町)
㉘兵庫県御津町(現 たつの市)
㉙和歌山県那智勝浦町太地
㉚和歌山県古座町(現 串本町)
㉛和歌山県日置川町(現 白浜町)
㉜和歌山県日高町阿尾
㉝和歌山県日高町小浦
㉞鳥取県青谷町(現 鳥取市)
㉟島根県江津市黒松町
㊱島根県益田市高津町
㊲岡山県日生町(現 備前市)鹿久居島
㊳山口県田万川町(現 萩市)
㊴山口県萩市
㊵山口県豊北町(現 下関市)
㊶徳島県阿南市
㊷徳島県日和佐町(現 美波町)
㊸徳島県海南町(現 海陽町)
㊹愛媛県津島町(現 宇和島市)
㊺高知県窪川町(現 四万十町)
㊻高知県佐賀町(現 黒潮町)
㊼福岡県志摩町(現 糸島市)
㊽福岡県志摩町小金丸(現 糸島市)
㊾熊本県天草市
㊿大分県蒲江町(現　佐伯市)
51宮崎県佐土原町(現 宮崎市)
52宮崎県串間市
53鹿児島県内之浦町(現 肝付町)

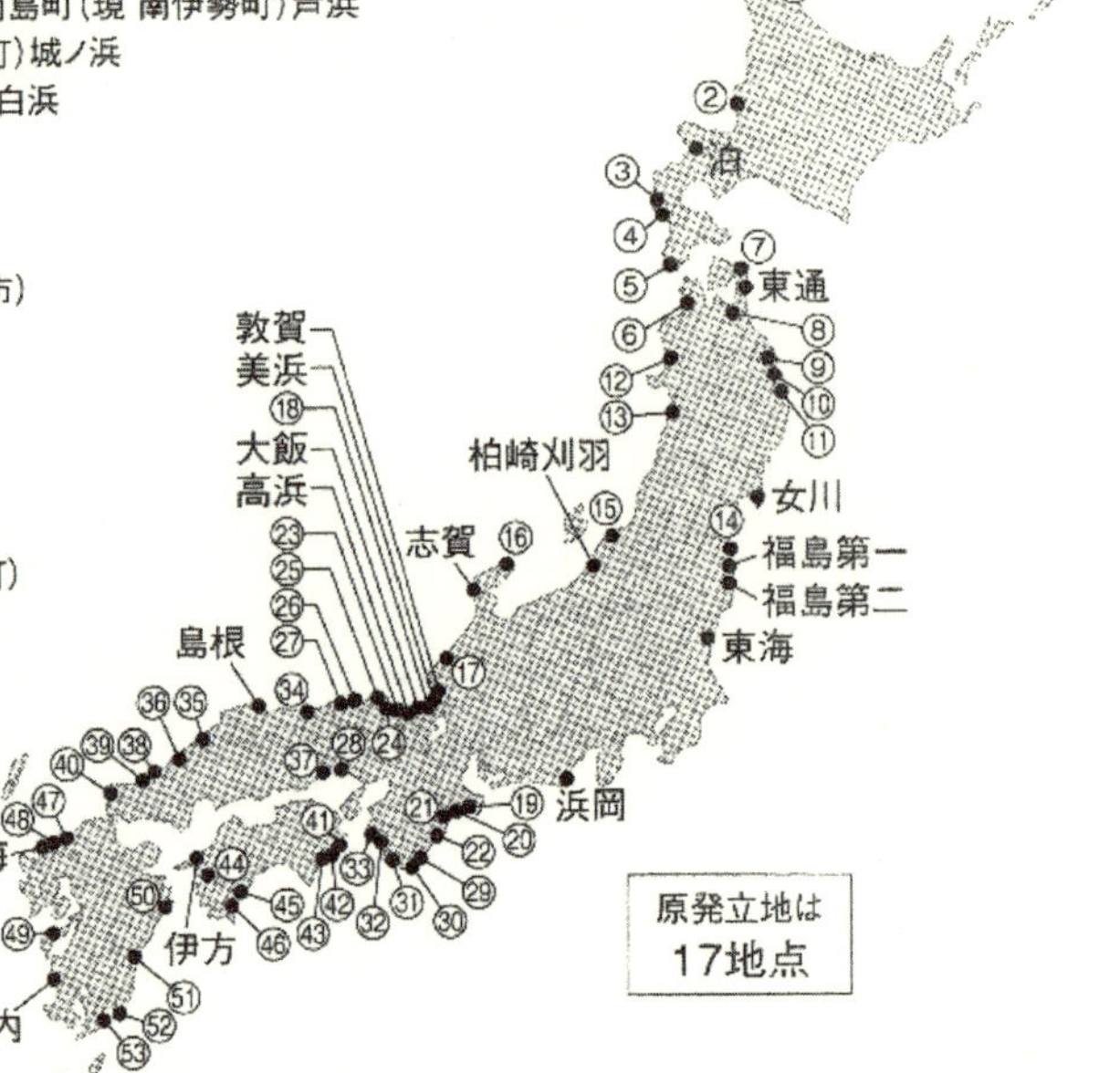

〔図1〕原発の建設を断念させた地域

［出典］小出裕章（2014）『原発ゼロ』幻冬舎ルネッサンス新書　p.203

形で製材業を軸とする地場産業の衰退が生じ、過疎化、人口減も急テンポに進んだことから町財政のひっ迫が深刻化する状況におちいった。一九七〇年の人口六、八〇〇人が、五、五〇〇人（一九九〇年）、四、四〇〇人（二〇〇六年）と減少し、一般会計の決算額は、一九七〇年代後半は平均して前年度比一一・三％の伸びを示していたのに対し、八〇年代に入ると急速に悪化し、一九八一年度から八五年度までの歳入は平均して前年度比マイナス九・一％となり、財政規模は大きく縮小した。町税収入の落ち込みをカヴァーしたのは地方交付税であった。合併直前の旧日置川町の自主財源の度合いを示す財政力指数は〇・一八にとどまっていた。[4]

同様に、山口県熊毛（くまげ）郡上関（かみのせき）町も、具体的地域例の一つである。同町は、日本の経済成長がまがりなりにもまだ継続していた時期に主産業だった海運業・造船・鉄工業が急速に衰え、その後も地域の特性に基づく漁業・農業をかろうじて維持していたものの、いずれも小規模零細での経営であり、過疎化・高齢化が進み、地域維持力がきわめて弱体化していった。同町は、一九七〇年に八、三〇〇人だった人口が単調に減り続け、二〇一九年四月には二、七〇〇人にまで落ち込んでいる。二〇一七年度の町財政は、歳入合計約四二・三億円（決算額）のうち、町税収入はわずか五％足らずであり、税収全体の四〇％を占める地方交付税への依存がきわめて明瞭である。財政力指数（二〇一六年度）は、〇・一二に過ぎない。[5]

ところで、和歌山県の旧日置川町と山口県の上関町。これら二つの町には、いまも原発は立地していない。ただ両町の原発問題が、前者は町議会、後者は町長が、原発誘致を画策することによって、いいかえれば立地の標的となった地域みずからが原発を「呼び込む」形をとることによってスタートしたことはおさえておく必要がある。しかも、いったん表面に浮上した原発立地については、旧日置川町では、それに反対する住民が声を上げる一方で、日置川町商工会や建設業組合、さらには少なくない町民が原発推進を主張しはじめた。上関町でも上関町商工会と商工業者が中心となって旧来の各地域の有力者をまとめる形で原発誘致に積極的に動いたことが確認されている。[6]

地域みずからが、〈危険きわまりない厄介物〉を、むしろ〈救世主〉として〝信じる〟ないし〝信じる風を装って〟〈呼び込む〉ことになった背景には、上記のような、町の産業の衰退、過疎化、人口の減少、財政の極度の逼迫などが横たわっていた。もちろん、そのようないわば〝弱み〟につけこみ、立地の標的とされた地域みずからが積極的に原発を「呼び込む」意志を示すように仕掛け、それを促すありとあらゆる策を弄する「持ち込む側」の強固な意志があったことはいうまでもない。

原発建設は、いわゆる国策[7]として実行されてきたが、「持ち込む側」の最も強固な意志をもつ国（政府）については、後に取り上げるとして、ここではまず電力会社の「持ち込む」意志のあり方をみておこう。

全国の原発立地の事例から、電力会社の典型的な動きとして抽出できるのは、概ね以下のような行動パターンである。

すなわち、最初は〝ひそかに〟原発建設の計画を準備し、それを公表するタイミングを慎重に見計らう。一方では、立地候補地の住民を囲い込むべく様々な仕掛けを講じる。まずは立地「予定」先の地元住民ばかりではなく、広く県（道）内を対象として既設原発の視察招待旅行などを企画し、原発に近接した原発PR館や電力資料館などと名づけた施設に案内しながら、原発の「合理性」と「安全性」という面での意識浸透を徹底してはかる。

「合理性」は、まず「電源としての合理性」ということで、他電源と比較したコスト的優位性、温室効果ガスである二酸化炭素の放出がなくクリーンであるなどをその基本的内容とする。[8]

また「合理性」では、産業構造の変化にともない漁業・農業の第一次産業の衰退に対し、最先端の技術を搭載した原発立地によって若者が定着し、未来ある郷土を実現できるという「合理的」提言が加わる。

「安全性」については、日本の原発は〝世界最高の技術水準でつくられている〟といううたい文句で訴える。

すなわち安全を確保するための装置が何重にも施されており（多重防護）、仮に誤った操作や装置に異常があったとしても原子炉の運転は自動的に停止し、「絶対」に安全であるということが何よりも強調される。地震対策も、考えられる最大の地震を前提に設計されており、さらに最大級の津波を想定した上で、重要施設の安全性を確保していることなどを主張する[9]。

こうしていわば外堀を埋めながら、立地対象地の自治体に「原発立地の適地性を判断するための調査実施」の意向を伝える。調査内容は、現地測量、地質、海域、海中生物、気象など多岐にわたるが「自然環境保全には最大限の努力を払う」などの弁解が言い添えられる。しかも、例えば環境影響調査では、絶滅危惧種の海生生物や調査海域であらたに発見された貝類学にとってきわめて貴重な貝などを記載しないという作為の例もある[10]。

そして電力会社が最も力を入れるのが、立地対象地の自治体に〈寄付金〉や〈協力金〉という名の金に飽かした懐柔策である。当該自治体は、寄付金で児童医療費の無料化やケーブル・テレビ加入費の全額補助などに充当しつつも、不要不急の建物・施設の建設に投じるような例が目立つ。また電力会社は、原発を受け入れるならば、地元と周辺自治体に年間多額の税収と交付金が見込まれることを吹聴し、公金をも恃みとしつつ[11]、泣き所をもつ自治体や住民の金銭欲の導火線に次々と点火していくのである。

電力会社の金に糸目をつけない戦術は、漁業協同組合（以下、漁協）の抱き込みに露骨に発揮される。周知のように、すべて臨海型である原発の計画は、建設予定地の土地を守り（土地所有権を持ち続け）、漁業権を売り渡さず、立地自治体の議会および県（道）議会で反対の決議をあげることで跳ね返すことができる[12]。それゆえに電力会社にとっては、何をおいても漁協のもつ漁業権を奪取する（＝買収する）ことが至上命題の一つとなる。ある電力会社は、複数の漁協を前提に免許された共同漁業権を、この共同漁業権をもつ一部の漁協が反対しているにも関わらず、強引に補償契約を締結したり、多額の漁業補償金を支払ったりしたという[13]。もちろん補償契約を是とする漁協にも問題はあるが、漁業権奪取という実績をいちはやく積み上げたいとの電力会社の無理無法は火を見るよりも明らかである。

こうした電力会社の膨大な出費をともなう強引な手法は、電気の安定供給という〈錦の御旗〉のもとに継続されてきた「地域独占」やとりわけ「総括原価方式」にその裏づけをもっていた。[14] 市場原理、いかえれば経済的合理性という準拠枠から〝自由〟である電力会社が、いわば経済的合理性の存立を固める〈貨幣物神〉（＝人びとの飽くなき金銭欲）を自在に操りながら所期の目的を達成すべく放縦をきわめてきた構図といってよい。

しかるに、原発建設をよりスムーズに運ぶべく、「迷惑料」としての交付金を賦与するために電源三法[15]が一九七四年に施行された。一九七〇年代に入り[16]、反原発の運動が全国的に広がり活性化する状況のなかで、国（政府）も、〈危険きわまりない厄介物〉を押し込むにあたり、〈金銭＝見返り〉を用意して立地予定地の懐柔を本格的に講じはじめたのである。「持ち込む側」のなかで最も強固な意志をもつ国（政府）が、いよいよ本腰を入れて国策としての原発建設に取り組みはじめたのであった。

そこで国（政府）と原発との関わりについてふれておこう。

周知のように、一九五三年十二月の国連総会で当時の米大統領アイゼンハワーが行なった演説「平和のための原子力（Atoms for Peace）」が「原子力の平和利用」の端緒を開き、実質的には原子力発電として具体化した。[17]

もちろん、「平和利用」というのは、上に見てきたように原発を「持ち込む意志」を貫こうとする側の強暴さ・無理無法を見ただけでも文字通りレトリックに過ぎないことは明らかである。すでに、本書第一章、第二章でも指摘したように、むしろ「平和利用」は「軍事利用」の表の顔であって、原発は核兵器製造の潜在力を担保する点にその本質があると見るべきである。ウラン濃縮、原子炉（高速増殖炉）、使用済み核燃料の再処理という核兵器製造に必須の技術は、原発技術がそっくりそれをカヴァーしているからである。[18] 機微核技術（sensitive nuclear technology）といわれる所以である。

さらに電力会社が市場原理＝経済的合理性の準拠枠にとらわれないところにその最大の特徴をもってきたが、それは同じように費用対効果に束縛されることのない「軍事」と通底している点にも注目したい。

しかも、実は原発そのものの製造企業が、日本では三菱、東芝、日立というグローバル企業であることも看過できない。現代日本資本主義における資本蓄積メカニズムと原発との関わりについては、それを対象とする考察が不可欠となろうが、〈危険きわまりない厄介物〉を利潤動機とし、ＦＵＫＵＳＨＩＭＡ後には、グローバル企業が政府と一体となって原発輸出にドライブをかける社会的・経済的意味を読み解く必要があろう。

ともあれ、原発を「持ち込む側」である国（政府）と電力会社およびグローバル企業が、経済的合理性を悪用・濫用しつつ、その強靭・強暴な意志を剥き出しにしてきたことを裏打ちするのは何なのかは明確だろう。

2　原発を撥ね返す「意志」

先に述べたように、原発の計画に対しては、立地予定地の所有権を持ち、漁業権を守り（売り渡さず）、立地自治体の議会で反対の決議をあげることで跳ね返すことができる。

しかるに、立地予定の土地は、そのほとんどが海岸線に沿った人里離れたところにあり、地目としては山林原野などである。その地権者は比較的少数である例が多いとみられ、土地の買収は比較的容易であると推測できる。見方を変えれば、立地予定地の一画の、たとえ狭小な土地であっても、多数の持ち主所有に分散することができれば、原発計画を「撥ね返す意志」を実現する有効な手段となり得る。例えば、中国電力による鳥取県青谷（あおや）・気高（けたか）原発立地計画に対して、地元住民がまず土地共有を実行しつつ、予定された原発の炉心付近の土地について多数の共有者の結集を実現し、原発計画を「撥ね返す」ことにつながった実例があった。[19] いわゆる一坪運動は、福島・浪江小高原発、新潟・巻原発などでも原発を「撥ね返す」有効な手段として機能した。とくに一九六〇年代後半の東北電力の福島・浪江小高原発計画に対する舛倉隆の「絶対に原発に土地は売らない」運動はよく知られている。[20]

ともあれ、原発計画を「撥ね返す意志」を示す主体の中心は、当然のことながら立地自治体の地元住民であり、自治体の議会による反対議決といっても、その背後に議決を支持する地元住民がいなければならないし、これに自治体の首長も足並みを揃えてはじめて強力な「撥ね返す意志」となろう。

それでは、国内の産業構造の変化にともない地元産業・地場産業の衰退が進み、人口流出、過疎化の進行、地元財政が極度に逼迫するといった現実のなかで、しかもこうした弱みにつけ込んだ電力会社による大々的な攻勢（札束攻勢）のなかで、それを超えてなお「撥ね返す意志」を地元住民が持ち続けることができた根底には何がある（あった）のだろうか。

原発の建設計画を「撥ね返した」いくつかの事例から浮かび上がってくるのは、例えば地元住民の「自分たちの生命だけではなく、子や孫の生命を守り、これまでそのおかげで生きてきた海を、自然を保全する」必然に対する直感である。[21] それはもちろん〝原発の安全性〟に対する大いなる懐疑と表裏一体となって表出される直感にほかならない。

各原発立地予定地の地元住民の安全性に対する疑念は――原発立地と直接かかわらない一般市民の疑心をはるかに超えて――一九七九年三月の米スリーマイル島原発過酷災害で大きく膨らみ、一九八六年四月の旧ソ連チェルノブイリ原発過酷災害によって確信に変わった。

そして反原発に向けた地元住民の力は、「命に対してもっとも敏感な女性[22]」たちの牽引によって増幅・増強されることにもなった。仕事などを通したしがらみにとらわれがちな男性とは異なり、いわば建前に縛られない女性たちの運動への参加・関わりは、原発を「撥ね返す」純粋な意志の表出となる。

純粋の「意志」は、攻勢のなかでも最も剥き出しの姿をとる札束攻勢に対しても「どうせ一時のもの」と毅然とこれを拒否し、「自分たちの生活環境を守って自立して生きていくことを選択[23]」するというような形をとって表れた。

それは、例えば中国電力の上関(かみのせき)原発建設に向けた攻撃がひとまず去った際に、運動の中核をなしていた祝島の人々が「島で生き、島に住み、島で一生を送りたい[24]」とあらためて自覚した、いいかえれば島で生き続けること自体が闘いにほかならないととらえかえしたことと重なる。まさに日常生活を脅かす異物・厄介物の侵犯を撥ね返す直感的な行動が、異物を持ち込む相手との闘いの中で磨き上げられ、洗練され、いわば客観化された推理力・判断知となったのである

こうした地元住民がもつ意識は、いわゆる住民投票という原発計画を「撥ね返す」手段の活用にもつながった。もちろん、例えば一九七二年に北陸電力志賀(しか)原発の建設計画をめぐる住民投票が実施されながらも県・町の圧力で開票されずに破棄されたことがあり、また同じ年に東京電力の柏崎刈羽原発計画をめぐって新潟県柏崎市荒浜地区で実施された住民投票が七六％の反対票に結果したにもかかわらず、その民意が無視された例もある[25]。

しかし、三重県芦浜(あしはま)原発建設をめぐり中部電力と県と町（南島町）の駆け引きが続くなかで、通常法的強制力のない町民投票が、いわば〝偶然〟法的拘束力を持つに至り、これが計画阻止に対して大きな意味をもった事例が存在した。三重県南島(なんとう)町の町民が、一九九五年から一九九六年にかけて県民有権者一四一万人のうち八一万人の反対署名を集めることに成功し、芦浜原発の白紙撤回へとつなげたことは注目されてよいだろう[26]。さらに同時期の一九九五年、新潟県巻(まき)町が住民投票を実施し、八八％という高い投票率のもとで原発反対派が全有権者の

五四％を占め、この結果を巻町町長が尊重することによって原発計画を最終的に「撥ね返した」こともあった。[27]

ところで、原発の計画を退けるきわめて重要なカギとなる〈漁業権〉の管理団体である漁協の「撥ね返す」意志の根底にあるのは何であろうか。もちろん電力会社の攻勢の常套手段として、漁業不振にあえぐ状況を利用して漁協の一部役員を篭絡し、その買収された役員の策動により、漁業補償金の分配を既成事実化するといった事例もあった。[28] また当初は原発反対の立場に立つものが過半を占めながらも、経済的苦境やその他の現実のなかで漁協総会のたびに原発推進派の勢力が伸長していくような例も珍しくはなかったといわれる。[29]

しかし、最終的に原発の立地を断念させた事例では、漁協の剛毅な振る舞いがきわめて大きい意味をもったことは明瞭である。漁協による原発を「撥ね返す」意志の根底には、漁師としての感性の働きがあった。原発立地の予定周辺の海は漁師たちにとってはかけがえのない漁場であり、漁師たちの意識のなかには生を営む者の糧となる魚の宝庫として定着している。

すなわち、かけがえのない漁場、魚の宝庫として生きている海を原発で殺してはならない、汚してはならないとの直感が漁師たちを貫いた。それは原発から排出される大量の温〈廃〉水の漁場に与える影響に対する直感であり、海中への放射性廃棄物の放出が漁業に及ぼす壊滅的打撃への危機感である。[30] こうした危惧の念・危機感は、例えば、上関原発をめぐる祝島漁協婦人部の逸話からもうかがい知ることができる。それは中国電力による懐柔策として実行された伊方原発（愛媛県）の視察旅行において、原発の真ん前にある海を見るや「海の色が違う」ことを感じ取り、ついで原発構内の異常極める清浄さと立ち入り禁止区域の余りの多さに疑念を抱いたというパラドクシカルな一件である。[31]

いわば生業と日常生活の中で研ぎ澄まされた感性は、人為的で不自然な異物をけっして見逃さないし、容易に受け容れることはしないというべきである。

例えば、日本の反原発闘争として最長の三七年間を闘い抜いて、二〇世紀の最終年に、ついに中部電力の芦浜原発計画を断念に追い込んだのが三重県南島町の人々であった。同町の漁民たちは「安全なものなら都会へもっていけ」と人為的で不自然な異物をいちはやく見破ったという。[32]

そうした感受する力は、闘いの相手の出方に反応しつつ、しだいに練り上げられ、闘いの形とも連関していく。南島町の闘いは、陸上デモと集会という標準的なスタイルに加えて、四〇〇隻の漁船による日本初の会場パレード（海上デモ）の形をとるにいたった。しかも、中部電力が、用地は買収したものの、南島町の反対で計画が膠着した状況に直面した際に、その打開策としてとろうとしたのがそもそも日本に原発の導入を謀った人物の中曽根康弘を団長とする国会議員団の芦浜視察であった。これに対し、多くの地元漁民が結集し、議員団を乗せた海上保安庁の巡視船を、七〇〇隻の漁船で取り囲み、実力で阻止した。一九六六年のことであった。この実力行動では、漁民三〇人が逮捕され、二五人が有罪となったが、この必死の抵抗が南島漁民の強固な「撥ね返す意志」を広く知らしめ、「持ち込む意志」を終息させる力になったといわれる。[33]〝有罪〟とは〝罪人〟が生まれたことを意味し、伝統的な漁村共同体にとっては甚だ不名誉なことにほかならなかったが、むしろその不名誉を共同体の受けた不名誉として引き受けつつ、その不名誉の起源をあばくことを通して力に変えたともいえるだろう。

原発建設計画は、何よりも国策として仕組まれて始まり、その意を受けた電力会社が軸となりつつ、立地自治体の首長（＝基礎自治体および県・道の首長）や議員、さらに地元漁協、地元住民などをも巻き込む形をとりながら、合法・非合法の区別なく、また露骨と巧妙さを混ぜ合わせた手法を駆使しながら強引に推進される。[34]国策であるがゆえに、その大義名分がしたり顔で独り歩きをし、それを受容しない者は〝人非人〟として扱われるというのが例外なくどの原発計画にも共通している事象である。とりわけ国策の顔をした〝札束〟に対してもひれふそうとしない〝頑迷者〟には容赦ない仕打ちが降り注がれてきた。

しかし、生活の場を、仕事の場を、そして地域社会を、奪われることを直感する者は、人間としての尊厳を懸けて相対するのは当然であり、ここに〈手に負えないもの〉〈危険きわまりない厄介物〉を「撥ね返す意志」を表白し、それを具体化する必然があるというべきであろう。

その意味において、芦浜原発を計画断念に追い込んだ三重県南島町の漁協の一つ古和浦(こわうら)漁協の「反対決議[35]」は、そのような「撥ね返す意志」を直接的かつシンプルに明示したものとして、しかも同時に原発を「撥ね返す」論理を言い切ったものとして語り継がれるべきである。

その古和浦漁協の「原発反対決議理由書」(一九六四年二月二三日)は、次の五項目からなる。①原発は未だ実験段階ともいわれ、未解明な点も多い。万一を考えて辺地を選んだと思われる。②放射能による海の汚染、大量の冷却水による水産資源への影響が考えられる。③放射能による人体への影響も考えられる。また魚に蓄積されるようである。④廃棄物の処理は完全ではなく、問題は多い。⑤全国的にも有名な熊野灘漁場を犠牲にしてまで建設させる必要はない。

古和浦漁協の「反対決議」が、原発の本質は何かを的確に見抜き、その視座がそのまま「撥ね返す」明晰な論理、拒否する側が立つべき原点を教えたことは明白であろう。いいかえれば、原発立地の標的とされた地域住民の研ぎ澄まされた感性ときわめて理性的な論理が原発を退けることを可能としたのである。

この研ぎ澄まされた感性と明晰な論理に裏打ちされた地域住民のあらためて直面する課題が、あるべき仕事の場、生活日常の場、すなわち地域社会をトータルに透視し、構想することであろう。

＊本節は、社会理論学会編(二〇一八)『社会理論研究第19号』掲載の拙稿「原発を撥ね返す感性と理路」の一部を修正・補筆したものである。

【注】

（1）二〇一五年八月、九州電力川内原発1号機が再稼働したのを皮切りに、同2号機、四国電力伊方原発1号機が続き、二〇一七年から二〇一八年にかけて関西電力高浜原発3号機、4号機、同電力大飯原発3号機、4号機および九州電力の玄海原発3号機、4号機が相次いで再稼働に入った。ただし、九基のうち、伊方3号機、川内1・2号機、高浜4号機は定期検査中であり、伊方3号機は、二〇一七年一二月に広島高裁において運転差止仮処分命令を受けていたが、これを不服とした四国電力の申し立てによる異議審で広島高裁は、二〇一八年九月二五日、四国電力の異議を認め、仮処分決定を取り消した。それを承けて四国電力は二〇一八年一〇月二七日に3号機の運転を再開した。他方、二〇一八年六月一四日、東京電力は、福島第二原発を廃炉の方向で検討している旨を表明した（経済産業省・資源エネルギー庁の「我が国における原子力発電所の現状」から）。　http://www.enecho.meti.go.jp/category/electricity_and_gas/nuclear/001/pdf/001_02_001.pdf

（2）定期検査の間隔は三区分（13・18・24ヶ月）あり、どの区分に分類するかは、原子炉ごとの技術的評価などにより異なる。

（3）小出（二〇一四）二〇二～二〇三頁。

（4）和歌山県の日置川町（二〇〇六年に旧白浜町と合併し、現在は白浜町）は、一九七六年に関西電力の日置川原発を誘致する「意志」を示した（原編［二〇一二］一六頁、三〇～三二頁、五六～五七頁）および「和歌山県西牟婁郡白浜町の人口推移及び人口増減率」Webデータ http://demography.blog.fc2.com/blog-entry-4729.html と和歌山県の統計データ https://www.pref.wakayama.lg.jp/bcms/prefg/020300/100/2009/excel/s-61.xls

（5）上関町は、一九八一年に中国電力が上関原発建設の「意志」を示した町であるが、現在もなお計画の段階にある。山戸（二〇一三）一三頁、日本科学者会議編（二〇一五）八五～八六頁、および山口県上関町のホームページ参照。
http://www.town.kaminoseki.lg.jp/

（6）原編（二〇一二）七三頁、一〇一頁。山戸（二〇一三）一八頁。

（7）次の注（8）で述べるように、原子力発電は、他の電源と比較してむしろ経済的合理性から遠く隔たっている点に特徴をもつ。しかし、その問題を超えて建設が強行されてきたのは、地域独占が保障され、発生する費用のすべてを利益とともに電気料金として回収できるとする法律を後ろ盾とした電力会社という実行部隊があったからである。このことは、とりもなおさず原発建設・運営が国策―ヨリ正確には国策民営―にほかならないことを証明している。

(8)周知のように、実態は逆である。他電源と比べて原発のコストは、建設コスト、燃料費、環境整備費(対策費)、送電費、環境費(災害があった場合の賠償金・除染費)、原発を常時運転するために必要な揚水発電のコストなどを総合的に考えると最も割高な電源といえる(大島堅一〔二〇一一〕一一二頁)。また原発は、核分裂反応ではCO_2を発生しないが、核分裂をするウラン燃料をつくる過程をはじめ、使用済み核燃料の輸送や保管(一〇〇万年にわたる保管が必要になるが、その間、化石燃料を使用した空冷が続く)など全プロセスで厖大なエネルギーの消費が行われ、大量のCO_2が放出される(小出〔二〇一四〕一八六〜一八七頁)。

(9)福島第一原発災害では、東京電力が〈想定〉した最大の地震・最大級の津波を上回る規模の事象が生じたことになる。しかし、科学的知見を駆使し、さらに徹底した歴史学(経験科学)の探索のもとに、あり得る最大の事象を〈想定〉したわけではなかった。いわば科学的知見とそれを実現するための技術水準およびそれを実現する経済的担保という関係は無視され、もっぱら経済的合理性=費用圧縮に導かれての〈想定〉に過ぎなかった。そして現実はこうした〈想定〉を超えたわけであるが、東京電力はその事態について「残余のリスク」というレトリックを駆使しつつ、その責任を免れると主張した。

(10)中国電力の上関原発建設を前提とした「環境影響調査書」には、瀬戸内海各海域で生息数が激減し、原発予定地周辺の海では日常的に観察されていた「スナメリ(=デゴンドウ)」の記載が全くなく、また調査中にあらたに発見された、貝類の進化を探るうえで貴重な新種の貝(ヤシマイシン)等も無視されたという(山戸〔二〇一三〕六五〜六八頁)。

(11)山戸(二〇一三)一〇八頁;日本科学者会議編(二〇一五)一一一頁など。

(12)西尾(二〇一三)五七頁。持ち込む側は、この三条件を崩すために繰り返し、何度でも攻撃を仕掛けることになる。

(13)山戸(二〇一三)七二〜七三頁。

(14)総括原価方式は、「電気事業法」を根拠とする、設備費や燃料費、人件費等ばかりではなく、広告宣伝費・寄付金をふくむ対策費などあらゆる事業費(レートベース)と資産を合算し、それに一定の利益を上乗せして電気料金を算定する方式。二〇一六年の電力小売り全面自由化まで、電力会社は発生する費用をすべて電気料金で回収した上に必ず利益が出るような仕組みのなかで事業を営んできた。しかし、二〇二〇年には、この総括原価方式による電気料金は、経過的措置もなくなり、完全に撤廃される。

（15）電源三法の制定時の名称は、電源開発促進税法・電源開発促進対策特別会計法・発電用施設周辺地域整備法。電力会社から電源開発促進税という税を徴収し（税の分は電気料金に上乗せ）、それを財源として発電施設のある周辺地域の公共施設整備のために交付金などを与える仕組み。火力発電や水力発電も対象となるが、原発にはより手厚い支給が前提された。なお、「迷惑料」を払うというアイデアは田中角栄（当時首相）によることはよく知られている。

（16）日本の原発は、商用原子炉として初の東海発電所（一九六六年運転開始・一九九八年に廃炉）を別とすれば、すべて一九七〇年代に入ってから稼働し始めた（一九七〇年三月の日本原電の敦賀原発が最初）。ところが、一九七〇年代になって以降表面化した新設計画は、どれ一つ運転に至ったものはない（西尾［二〇一三］一六四頁）。それだけ原発を「撥ね返す意志」が強靭になったことをうかがわせる。

（17）ただし、欧米では「原子力発電」を核の「平和利用」とは表現しないという。米では「商業利用」、英では「民間利用」、独（西独）では「営利利用」と呼んできたといわれる（土井（一九八六）二一六頁）。

（18）小出（二〇一四）二一二〜二一三頁。

（19）この事例では、七筆の土地約二、五〇〇平方メートルについて、一口一万円で一筆の土地の共有者になるということで、結果として県内外の約二〇〇名が共有者に名を連ねたという（日本科学者会議編［二〇一四］一五七頁）。なお、原発立地に必要な用地が（その一部でも）確保できなければ、原発の建設はできないが、現行の法制では電力会社によるいわゆる強制収容が認められていないこともおさえておく必要がある（小出・土井［二〇一二］一一二〜一一三頁）。

（20）小出・土井（二〇一二）一一四頁。なお、福島県浪江町の「棚塩原発反対同盟」を率いて原発を「撥ね返した」農民・舛倉隆については、恩田（二〇一一）を参照。

（21）原編（二〇一二）八一頁。日本科学者会議編（二〇一五）一五四頁など。

（22）原編（二〇一二）九七頁。日本科学者会議編（二〇一五）一一二頁。

（23）小出（二〇一四）二〇二頁。

（24）山戸（二〇一三）一四四頁。祝島の漁民の闘いについては山秋真（二〇一二）（とくに第四章）も参照。

(25) 西尾(二〇一三)四二頁。新潟日報原発問題特別取材班(二〇一七)二三〇〜二三一頁。
(26) 北村(二〇一一)三〇〜四八頁。日本科学者会議編(二〇一五)三〇〜三一頁。
(27) 日本科学者会議編(二〇一五)四四頁。
(28) 日本科学者会議編(二〇一五)一三六〜一三七頁。
(29) 日本科学者会議編(二〇一五)二七頁。
(30) 中国電力が、一九六七年に原発立地を計画した岡山県日生町の漁協は、原発建設反対決議のなかで「放射能汚染は、温排水以前の問題であり、さらに温排水も養殖漁業を壊滅させる」ことを反対理由として明記した(日本科学者会議編(二〇一五)一八〜二一頁、一〇六〜一〇七頁。なお、原発による通常運転時における、温〈廃〉水、海洋汚染、海中への放射性廃棄物放出については、山本(二〇一五)二一五頁および二一八頁および小出(二〇一一)一一八〜一二一頁を参照。
(31) 山戸(二〇一三)一六〜一七頁。
(32) 日本科学者会議編(二〇一五)二一頁。
(33) 同 二四頁。なお、その後も実力阻止行動を展開する漁民の抗議船と海上保安庁の巡視艇との〈海戦〉は繰り広げられたといわれる(土井[一九八六]二五六頁)。
(34) 原発に反対する人々に仕掛けられた、反倫理的・没理性的かつきわめて猥雑な行為の具体的事実については、海渡編[二〇一四]に詳しく紹介されている。
(35) 古和浦漁協の「原発反対決議理由書」(一九六四年二月二三日)は、五項目から構成されている。①原発は未だ実験段階ともいわれ、未解明な点も多い。万一を考えて辺地を選んだと思われる。②放射能による海の汚染、大量の冷却水による水産資源への影響が考えられる。③放射能による人体への影響も考えられる。また魚に蓄積されるようである。④廃棄物の処理は完全ではなく、問題は多い。⑤全国的にも有名な熊野灘漁場を犠牲にしてまで建設させる必要はない(日本科学者会議編[二〇一五]二〇頁)。

第四章　地域循環型社会をめざして

【写真上】復興後の女川中心部（シーパルピア女川）
【左】「きぼうの鐘」津波に耐えた駅舎の鐘

地域循環型社会として自立する女川

半田　正樹

はじめに

〈万全の技術〉に支えられ〈絶対に安全〉な設備であると言い広められてきた原子力発電所（原発）は、現に立地している地点もその侵入を撥ね返した地域も、いずれも海岸沿いにあり、日本列島のいわば縁すなわち辺土に位置していることは広く知られてきた。首都東京からはもちろん、各地方の人口密度の高い主要都市からも離れているという共通項をもっている。この事実は、大量の冷却水を必要とするがゆえに沿岸部に設置されるという理由もさることながら、原発そのものが、実は人間社会のなかに居場所をもてないこと、それがきわめてリスクが大きいがゆえに人里離れた遠隔地に立地せざるを得ないことを示している。

したがって問題は、原発立地地域も原発の建設を退けた地域も、そのほとんどが日本経済のダイナミズムから置き去りにされるという傾向をもち、その結果いわゆる過疎地という言われ方をしてきた点にある。それらの地域は、おしなべて急激な人口減少に直面し、地域社会の衰退を身をもって経験してきた。すでに述べたように、原発立地地域は、まさにこうした地域のもつ弱みを突かれる形で原発を受け容れた。

原発は、雇用機会を創出し地域経済を活性化するとともに、交付金・固定資産税などを通して地域財政を潤し、総じて活力を失いつつある地域を再生する切り札と信じられてきたのである。

しかし、第二章の分析でも明らかになったように、原発の地域経済に対する効果・貢献はきわめて限定的で、むしろ裏づけのないものにぬかずくという意味で「神話」というべき観念を生み出してきたのが実態である。

もちろん、「経済神話」でしかないにせよ、現にある原発を拒否する（稼働・再稼働を拒む）ことは、地域の抱える過疎化、地場産業の衰退、地域財政の逼迫という現実にあらためて立ち向かうことを意味する。むしろ限定的・僅少であっても原発が関わってきた雇用や財政面での税収・交付金に代替するものを用意することが最低限求められるのである。このことは、原発の建設を「撥ね返した」いくつかの（市）町村も、決して自立した地域の運営ができているわけではないこととも共通している。

それは、例えば、原発の建設を「撥ね返した」いくつかの市町村の、財源に関する余裕度を示す財政力指数（二〇一七年度）に客観的に見てとれる〔表1　次頁〕。それはかりではなく、その値が高いほど財政の硬直化が進んでいることを示す「経常収支比率」もほとんどの自治体で九〇％を超えており、将来、財政を圧迫する可能性の高さを示唆する「将来負担率」もいくつかの例外はあるものの概ね大きい値となっているのである。

こうした、原発を「撥ね返す」意志を貫いた市町村の状況は、原発立地市町村が原発を返上する時に直面する課題が何かを示唆しているといっていいだろう。いいかえれば、社会的・経済的に釣り合いがとれた、自立した市町村を創りだすことが担保された時に、「原発がないまちづくり」が初めて実現されるのである。

その意味において、中国電力による上関（かみのせき）原発計画を「撥ね返す」中軸的な原動力となってきた上関町の離島・

原発の建設を断念させた市町村	財政力指数	財政力指数	経常支比率	実質公債費比率	将来負担比率	ラスパイレス指数
	全国順位					
北海道稚内市	1034	0.37	94.9	14.4	61.3	97.1
北海道浜益村 現石狩市)	749	0.51	92.7	7.9	82.9	99.0
北海道北檜山町 現せたな町)	1630	0.14	82.4	8.4	—	95.6
北海道大成町 現せたな町)	1630	0.14	82.4	8.4	—	95.6
北海道松前町	1529	0.18	89.9	8.1	25.6	97.7
青森県市浦村 現五所川原市)	1143	0.33	97.7	13.1	141.2	97.8
青森県東通村蒲野沢 野牛	216	0.86	81.8	22.2	6.7	93.2
青森県上北郡	NA	NA	NA	NA	NA	NA
岩手県久慈市侍浜町本波	944	0.41	92.4	13.9	132.9	97.0
岩手県田野畑村	1638	0.14	87.9	8.6	—	92.4
岩手県田老町 現宮古市)	1064	0.36	90.8	11.4	21.6	95.7
秋田県能代市浅内	878	0.44	91.1	6.3	27.2	95.8
秋田県由利本荘市岩越亀田亀田町鶴岡	1148	0.33	90.9	10.1	116.5	96.7
福島県浪江町 小高町 現南相馬市)	521	0.64	91.3	10.1	—	94.5
新潟県巻町 現新潟市)	369	0.75	94.4	11.1	139.6	99.2
石川県珠洲市	1415	0.23	92.5	12.9	50.8	96.3
福井県川西町 現福井市)三里浜	250	0.84	96.6	11.4	111.8	101.2
福井県小浜市	909	0.43	98.9	10.5	118.7	94.9
三重県紀勢町 現大紀町)	1516	0.19	87.8	10.5	36.7	92.5
三重県南島町 現南伊勢町)芦浜	1465	0.21	91.9	9.2	39.8	93.7
三重県紀伊長島町 現紀北町)城ノ浜	1248	0.29	82.7	7.4	—	97.2
三重県海山町 現紀北町)大白浜	1248	0.29	82.7	7.4	—	97.2
三重県熊野市井内浦	1300	0.27	84.6	3.6	—	100.3
京都府舞鶴市	431	0.71	96.5	10.2	105.1	102.2
京都府宮津市	960	0.41	98.8	19.0	169.0	98.6
京都府久美浜町 現京丹後市)	1196	0.31	90.1	10.7	90.9	94.2
兵庫県香住町 現香美町)	1363	0.25	84.5	10.0	98.0	95.0
兵庫県浜坂町 現新温泉町)	1327	0.26	84.0	11.8	94.4	95.9
兵庫県御津町 現たつの市)	628	0.58	87.6	12.9	38.0	98.6
和歌山県那智勝浦町太地	1130	0.34	91.4	5.2	34.4	99.0
和歌山県古座町 現串本町)	1277	0.28	90.0	8.0	72.4	
和歌山県日置川町 現白浜町)	831	0.47	93.0	7.0	61.8	98.9
和歌山県日高町阿尾	1250	0.29	93.1	6.4	46.4	96.7
和歌山県日高町小浦	1250	0.29	93.1	6.4	46.4	96.7
鳥取県青谷町 現鳥取市)	739	0.52	87.9	11.4	72.1	98.2
島根県江津市黒松町	1157	0.33	94.4	13.4	126.1	95.6
島根県益田市高津町	984	0.40	96.7	15.3	136.7	100.7
岡山県日生町 現備前市)鹿久居島	873	0.45	94.7	12.3	21.4	97.0
山口県田万川町 現萩市)	1179	0.32	93.6	8.3	5.2	98.7
山口県豊北町 現下関市)	687	0.55	98.7	9.9	93.8	101.6
徳島県阿南市	203	0.88	91.7	5.1	—	98.1
徳島県日和佐町 現美波町)	1567	0.17	87.5	5.1	—	96.4
徳島県海南町 現海陽町)	1543	0.18	77.0	1.8	—	94.3
愛媛県津島町 現宇和島市)	1160	0.33	83.3	5.6	—	95.3
高知県窪川町 現四万十町)	1474	0.21	91.6	8.0	—	94.8
高知県佐賀町 現黒潮町)	1549	0.20	92.5	6.5	—	95.1
福岡県志摩町 現糸島市)	709	0.54	86.0	6.2	17.3	100.6
福岡県志摩町小金丸 現糸島市)	709	0.54	86.0	6.2	17.3	100.6
熊本県天草市	1307	0.27	90.3	8.6	20.4	99.1
大分県蒲江町 現佐伯市)	1207	0.31	95.9	8.2	—	101.0
宮崎県佐土原町 現宮崎市)	517	0.65	93.2	8.8	55.9	100.5
宮崎県串間市	1335	0.26	91.4	4.9	35.2	100.5
鹿児島県内之浦町 現肝付町)	1283	0.28	90.4	6.6	—	97.6

〔表1〕原発の建設を断念させた自治体の財政状況(2016年度)

[出典] 総務省「平成28年度地方公共団体の主要財政指標一覧」から作成
http://www.soumu.go.jp/iken/zaisei/H28_chiho.html

祝島（いわいしま）の島民の〈地域づくり〉の試みが、大いに注目される。ちなみに二〇一九年四月一日現在、上関町の人口は二、七三〇人で、祝島の人口はその一三％に過ぎないわずか三六〇人である。

前章Ⅲに述べたように、祝島の人々は原発を「撥ね返す」運動のなかで、「島で生き、島に住み、島で一生を送りたい」との思いを強め、したがって〈島で生き続けること自体が闘い〉と見抜き、それを「原発の金に頼らない島おこし」の取り組みへと発展させた。

とくに「祝島自然エネルギー一〇〇％プロジェクト」の試みは、島内の自然エネルギー一〇〇％化を基軸とした島づくりをめざすもので、食の生産と供給（フード事業）、生活と介護（ライフ）、反原発運動と連携・連動するための情報発信としての芸術・メディア（アート）、島に滞在しつつ、学びと遊びを通した島の自然と歴史文化の保全（エコツーリズム）等、を柱としている。

祝島を自然エネルギーに基づく自立する地域へと転換させる試みとみられるが、その基本的な考えは、例えば、「福島第一原発災害」が突きつけた課題を視野に入れつつ、「3・11東日本大震災」後のあるべき地域社会の方向について、「ＦＥＣ自給圏」として構想した内橋克人の理念とも重なるとみられる。内橋の構想は、「Foods（食糧）」、「Energy（エネルギー）」、「Care（人の育成・福祉）」についての地域内自給の実現を提案するものであり、その基本的思考枠において祝島の試みと共通するところがある。

地域社会の存立を考えるときに、「食」と「エネルギー」と「人の世話」は不可欠の要素をなすが、その各要素を〈地域内自給〉として確保・調達し得る仕組みの構築は、いわゆる外部資金（原発の償却資産税＝固定資産税や電源三法交付金等）から自由になる基盤を得ることを意味する点において、きわめて示唆的である。

女川を「原発のないふるさと」として構想するにあたっても有効な手がかりを与えてくれるのではないだろうか。

1 「東日本大震災」と女川町

女川町は、宮城県の東端、牡鹿半島の付け根に位置する。一五の離半島部を有しつつ、中心部は山に囲まれ、東に深い湾が開く港町として発達した。町の総面積は六五・八平方キロメートルで、震災前にはその八四%が山林、平地はわずか二・八%であった。世界三大漁場である三陸・金華山沖が沖合にあり、水産業が基幹産業となって発展してきた。

女川町は、二〇一一年三月一一日の「東日本大震災」で壊滅の危機に瀕した。町を襲った大津波は、最大津波高一四・八メートル、最大浸水高一八・五メートル、最大遡上高三四・七メートルと、いずれも県内最大の値を示した。いずれの数値も三陸特有の山と谷とが入り組んだリアス式海岸という地形と大きくかかわっていた。犠牲者(死者と行方不明者)は、八二七人に達し、人口比では八・二六%と自治体単位では最多だった。全壊・大規模半壊は、全住宅の六九・七%にもおよんだ。浸水域になったところに暮らしていた住民が、全町民の八八・七%であったが、これは平地が限られていたことと無関係ではなかった。

大津波は、町の漁業、水産加工、商店街など主だった産業を壊滅状態に追い込んだ。とくに魚市場の被災はきわめて深刻で、被災地の市場のなかでも最も被害が大きかったと伝えられている。市場の建物はことごとく破壊された。水揚げ岸壁が地盤沈下をうけて海水に陥没し、魚市場のコンピュータも浚われ、あらゆるデータが失われた。

しかし、女川町の立ち直りは早く、「復興のトップランナー」と呼ばれてきたことはよく知られている。その概要をまとめておこう。

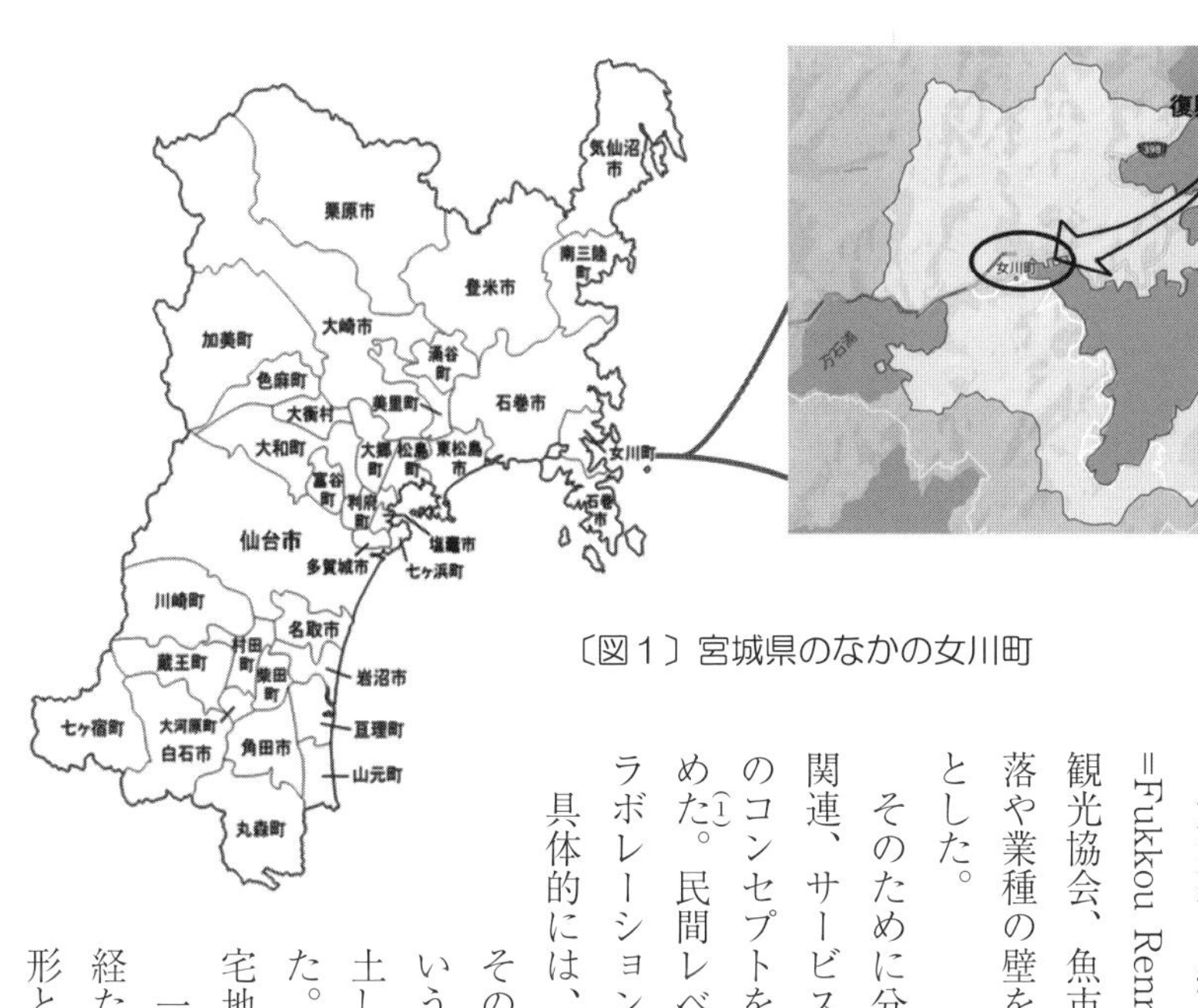

〔図１〕宮城県のなかの女川町

震災後、約一か箇月の時点で、「女川町復興連絡協議会」（ＦＲＫ＝Fukkou Renraku Kyougikai）が発足した。中心となったのは商工会、観光協会、魚市場買受人協同組合、水産加工業協同組合などであり、集落や業種の壁を取り払い、民間レベルの復興構想を打ち出すことを主眼とした。

そのために分野別の五つの委員会（まちづくり創造、水産関連、商業関連、サービス関連、建設工業）を設け、百年先を見通しながらＦＲＫのコンセプトを〈人々が住み残る、住み戻る、住み来る町〉としてまとめた[1]。民間レベルの復興構想は、実際には「公設民営方式＝公と民のコラボレーション」として進められた。

具体的には、町が、町の中心部の土地を買い上げた上で施設を建設し、その運営は民間（＝商工業者を軸とする法人）にゆだねるという形をとった。町の中心部については、中心部全体を盛り土して標高五メートルのところに商店街を展開する形をとった。ちなみに町は、山側の土地も十メートルほど盛り土し、宅地として整備することにした。

一方、ＦＲＫに凝集された民間の活力は、被災後二か月も経たない時点での商業再生に向けた「復幸市」の開催という形として表現された。さらに「中小企業基盤整備機構」の支援を受ける条件が満たせなかったものの、その逆境に対して国際NGO「難民を助ける会」の協力を得ることに成功し、町中心部にコンテナ一〇棟を運び込んで、民設民営による「仮設商店街」を七月一日にスタートさせた。

さらに、二〇一二年四月には、町民と女川町商工会が宮城県を巻き込む形で、宮城県女川高等学校の運動場（県有地）に「きぼうのかね商店街[2]」を開設した。同商店街は、資金的には「救世軍」と「中小企業基盤整備機構」の支援の下、木造店舗三〇棟、プレハブ店舗二〇棟から構成される、被災地としては最大級規模の仮設商店街であった。

被災後、一年半が経過した二〇一二年九月には、六人の被災事業者により「復幸まちづくり女川合同会社」が設立された。その基本的な考えは、女川地域の産業構造の転換をはかり、次代の子どもたちに義務・責任を押しつけることがないように、持続可能な循環型のまちづくりを目指すことにあった。事業の柱には、①水産加工品のブランド化（統一ブランド「あがいんおながわ[3]」）とその販路拡大、②水産業の体験プログラムの提供（場所は、シーパルピアに近接している「あがいんステーション」）、の二つを立てた。

この二つの柱には、地域外からより多くの人の来訪を促し、町外の「お金」を得て、それをできるだけ流出しないように町内経済の潤滑油として活用し、自力で潤える事業を計画しようという意図が込められていた。

水産業を基幹産業として発展してきた女川町を念頭におきながら、このような「持続可能な循環型まちづくり」を掲げた意義はきわめて大きい。先に取り上げた、中国電力による上関原発計画を「撥ね返す」意志を貫き通し、原発にたよらない〈地域づくり〉を、自然エネルギーをベースとする自立する地域、〈地域内自給〉として明確にした上関町・祝島の試みとも実は重なるとみられるからである。この主題については後に詳しく取り上げることにする。

ここではまず、二〇一二年六月に女川町が推進して発足した「まちづくりワーキング・グループ」が、復興を見すえた「まちづくり」の基本的姿勢を示したとみられる点に注目しておきたい。町民の意見を最優先する構想は、例えば観光交流エリアに託す「思い」として〈くどける水辺のあるまち〉という表現を採用したことに凝縮された。いわば日常の延長上にある非日常も実現できる空間であることを示そうとしたと解釈できる。ただ、こうしたキャッチーな言い回しは、マーケティング志向が勝ちすぎて、めざすべき目標を適切に言い表すことには必ずしもつながっていないようにも思われる。

しかも、こうしたキャッチ・コピーないしうたい文句に力点をおこうとする姿勢は、二〇一三年九月に発足した専門家による「復興まちづくりデザイン会議」が、町民の声をすくいあげる形で「海を見ながら暮らす」というコンセプトを「眺望軸」と表現したことにも通じている。

実際には高台に宅地を得た町民すべてが海を見られるわけではなく、道路、公園などの公共空間ではどこからでも海を眺めることができることを表すものである。したがって、「眺望軸」という言い方自体は、町の魅力を端的に伝えているし、海が視覚に入るという点で災害時の「重要な情報源」を示唆するのは確かであるが、まちづくりをいわば工学的にとらえるところでとどまっており、地域社会観、地域社会のあり方そのものに射程が届いているとは言い難いのではないだろうか。

それはともあれ、ＦＲＫ（女川町復興連絡協議会）の復興構想は、商業エリアを「にぎわいの核」と位置づけて、それを具体化するところまで進んだ。二〇一四年六月には、エリアマネジメントを担当することを前提とする会社、「女川みらい創造」がスタートした。同会社は、「にぎわいの核」となる商業エリアの方針を、テナント型商店街として明確にし、二〇一五年一二月、ＪＲ石巻線女川駅に隣接する町の中心部にテナント型商店街の「シーパルピア女川」をオープンさせた。

同商店街の特徴としては、次の二つがあげられる。一つは、六棟の独立した平屋が連鎖的につながり、訪問者が建屋の内・外を巡回できる建物の構造・配置になっている点。もう一つは、テナントについて、全二七店舗のうち一四店舗を被災事業者、一三店舗を非・被災事業者が受け持つ形でスタートした点。

これは、対象が被災者に限られた「グループ化補助金制度」を利用せず、被災の有無に関わりなく事業の展開が可能な「津波立地補助金」を活用したことから実現したのである。テナント型というのは、いわばゼロから自立再建するのと比べて、参入コストが低く抑えられるということから発想されたといわれる。見方を変えれば、仮に撤退するとしても、負担は最少にとどめられることを意味しよう。すなわち、協同して商店街の運営にあたることがテナント型であることの特徴であるが、被災地・被災事業者という観点からすれば理にあった手法ということである。なお、シーパルピアと同様のテナント型の地元市場ハマテラスが、シーパルピアに隣接して二〇一六年一二月に開業している。

ただし、被災地・被災業者にとって理のあるテナント型の施設ではあるものの、震災後九年目を迎えて、事業者のテナント費用の負担が傾斜的に重くなり始めるという現実がある点を見逃してはなるまい。二〇一九年末までは事業者負担五割、町負担五割であるのに対して、二〇二〇年から一年ごとに事業者負担が一割ずつ増え、二〇二二年の一月からは全額事業者負担となる。同じような事情は、シーパルピア女川やハマテラスが立地する町有地の借地料が、それぞれ二〇二〇年六月と二〇二一年六月から発生することにもみられる。

ともあれ、JR石巻線の女川駅とそれに近接した商店街エリア、および二〇一八年九月に竣工した町役場庁舎、公共公益施設（図書室・文化ホール、子育て支援センター）など町としての主要諸機能施設は整備されたことから、女川町としては、町の中心部における復興の足固めを一通り終えたとみられる。

それに対して、例えば地方紙の河北新報は、復興需要の勢いが失われつつある現状を見すえて、再び原子力発電所の「経済神話」が台頭する可能性を指摘している[4]（二〇一八年一二月二七日朝刊「揺らぐ原発城下町」）。

東日本大震災で壊滅的打撃をうけた女川町が、公民連携の力で復旧・復興に懸命に取り組み、その成果が「復興のトップランナー」として知られるまでに至ったのは見てきた通りである。

しかし、復旧・復興経過の概略からうかがい知ることができるように、復興の構想を語る視野のなかに「女川原発」のことはまったく入っていない。まるで、女川町には原子力発電所などというのは存在していないかのような「扱い」になっているのである。町の南北を貫く形で新たに建設される幹線道路は、町の主要諸機能施設をつなぐ生活軸であるが、現時点では、原発災害を想定した県レベルでの避難計画における道路とのかかわり、位置づけは明確ではない。このことは、原発が、まさに地域が地域として成り立つバランスの機微にふれる施設であることを示唆しているとも考えられるが、[5]ことの本質からすれば、原発の存続の適否、否、その廃止について真正面から相対すべき重大な存在と認識すべきであろう。

東日本大震災は、何よりも複合厄災として大打撃を与えた。人類は大地震、大津波の脅威とともに福島第一原発災害の恐怖を身をもって体験した。いまなお原発災害の収束の行方はまったく予測できない状況として続いており、原発が立地するどの地域でも、原発との関わりについての再考がきびしく迫られている。女川町（ともう一つの立地自治体の石巻市）もその真只中におかれているのである。復興とその先をどのような地域社会として描くのかは、「原発問題」を抜きに考えられないし、より積極的にいえば「原発のない地域」を、あえて射程におさめない限り見えてこないというべきではないだろうか。

では、震災以前にすでに人口の減少が進んでいた漁師町の女川町について、いかなる将来像を描くのか。震災で壊滅的な被害をうけながらも、他の被災地に先駆けて町の中心部の復興をいち早く固めた女川町の、浜の数二一、集落数一五をも含めた全体について、どのような地域社会としての未来図をえがき得るのか、それを掘り下げておきたい。

2 いわゆる田園回帰またはローカル志向

今世紀に入って、都市に住むとくに若い世代を中心に、農山漁村に対する関心が高まり、新たなライフスタイル、例えば都市と農山漁村を頻繁に往来する、あるいは定住を試みるといった志向が強まっていることが注目されるようになった。このような傾向は、田園回帰とよばれ[6]、内閣府の調査からも確認できる。

ただし、田園回帰というのは、農山漁村に人々が単に移住・移動する「動き」だけを意味するわけではなく、人々が農山漁村に関心をいだくプロセス、すなわち農山漁村における「働き方」、「暮らし方」、「生き方」を「意識」するとともに、それに「共感」し結果として農山漁村に「合流」することも含むと考えられる[7]。

したがって、それは例えば、もはや地域社会として持続することは困難ではないかとみなされてきたいわゆる中山間地域と都市との新たな「共生」関係が形成される可能性をも示唆している。

しかも、さらに注目されるのが、田園回帰の傾向が、東日本大震災を経てより一層顕著になったといわれる点である。人智を超えた脅威をふるう自然を目の当たりにし、多くの人が、あらためて畏怖すべき対象として自然を受けとめ、自然が科学・技術を通して制御可能とみてきた近代技術文明を相対化する道を模索し始めたともいえるのである。人々のなかに、自然との共生をいかに図っていくのかに基本をおく生活様式が台頭してきていると、いいかえることもできよう。

工業文明の急速な拡大は、とりわけ前世紀の七〇年代以降、エネルギー問題と環境問題という二つの深刻な課題を突きつけてきた。その難問が解決されないまま、福島第一原発災害に直面することになったのである。

一九七九年米・スリーマイル島原発災害、一九八六年旧ソ連・チェルノブイリ原発災害において、原発にひとたび惨事が生じれば、破局的な事態がきわめて広範囲に、しかも長期間にわたって広がり、取り返しのつかない状態が現れでることは、すでに紛れもない事実として明らかになっていた。平常に稼働している場合でも、人間にとって無害になるまで十万年単位の時間を必要とする使用済み核燃料（＝高レベル放射性廃棄物）が絶え間なく発生するという問題も認識されていた。さらに、本書第一章（小出裕章稿）に述べられているように核分裂生成物のもつ止めようのない「崩壊熱」という問題があり、また原発の保守点検が、被曝労働から免れられないという難儀をかかえてもいることも既知の事実となってきた(8)。

要するに、原発は、人類が生み出したものでありながら、人類にとって制御不能であることを本質とするきわめて厄介な、自然の対極に位置する人工物にほかならな

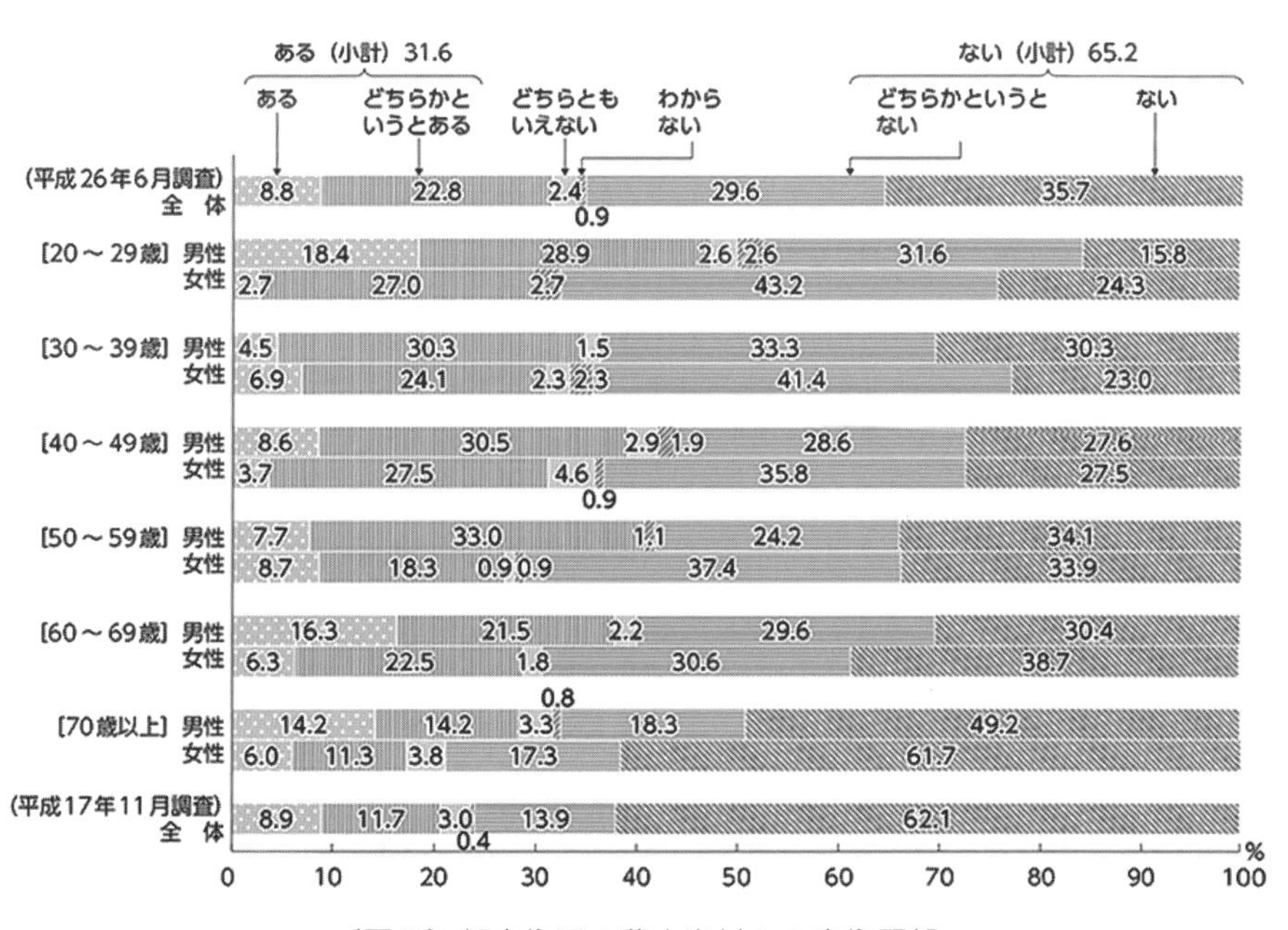

〔図2〕都市住民の農山漁村への定住願望

［出典］内閣府「農山漁村に関する世論調査」（平成26年（2014）年8月公表）
注：平成26(2014)年6月調査は、居住地域に関する認識について、「都市地域」、「どちらかというと都市地域」と答えた1,147人から聴取
平成17(2005)年11月調査は、975人から聴取

い。その意味で、原発は、とりわけ自然とともに生きることを選択する者にとっては、けっして何事もなく素直に受け入れることができるものでないことは心に刻む必要がある。

先に見たように、女川町復興連絡協議会（ＦＲＫ）の百年先を見通したコンセプトは、〈人々が住み残る、住み戻る、住み来る町〉である。現時点で〈住み残る〉者も、〈住み戻る〉者も自らの選択において濃淡はあれ「原子力発電所」の存在をかなり意識するとして、〈住み来る〉者はもともと〈住み行く〉町の選択肢が多様にあることを前提にしているのだから、〈住み行く〉町の決断に際して「原発」の存在をより一層大きく意識するだろうことは容易に想像ができる。神谷隆史は、「原発が怖いから、好き好んで女川に移り住む人はいない。・・」と嘆く地元の声を紹介している。(9)

田園回帰の動きに焦点をあてて「地元」をあらたな定住拠点として位置づけようというのが「地元学」であるが、その「地元学」では、地元の人（「土の人」）と外部の人（「風の人」）が共鳴しあいながら、「地元」の価値を再発見・再評価することに注目している。まさに、ＦＲＫの〈住み残る〉者・〈住み戻る〉者と〈住み来る〉者とが渾然一体となって「地元」を再起動させるというコンセプトといみじくも重なっているといってよいだろう。

それでは、田園回帰の人々を受けとめる地元、いいかえれば〈住み戻る〉者、〈住み来る〉者が積極的に評価し、そこに分け入ろうとする「田園としての地元」とはどんな地域社会といえばよいのだろうか。

先に、田園回帰の「定義」について、農山漁村に人々が単に移住・移動する「動き」だけではなく、むしろ農山漁村における「働き方」、「暮らし方」、「生き方」を「意識」するとともにそれに「共感」し、結果としてそこに「合流」することを含むと確認した。これを手がかりに「田園としての地元」について考えてみよう。

まず、農山漁村における「働き方」。端的に言えば、工業文明・都市社会における「働き方」とは違ったものが想定される。それは、自然を直接に対象とする、言葉の本来の意味における第一次産業としての農業・畜産業、林業、漁業・水産業にかかわる、しかもいわゆる顔の見えるなかでの創造的な仕事を第一義とする「働き方」を指し、それが担保される場が「田園としての地元」と考えられる。

「暮らし方」については、都会的な勝手の良さないし便利さや物質的潤沢とは次元の違う、自然の豊饒さにくるまれて在ることを第一義とするような姿勢があてはまる。暮らしに役に立つものを金銭的な対価だけで手に入れるのではなく、自然との関わり、人と人との関係のなかで適宜入手できることも重視しつつ過ごす日常生活といいかえることもできる。

こうした「働き方」と「暮らし方」により、おのずから「田園としての地元」における「生き方」が立ち上がってくる。それは、従来の工業発展型・都市重視型の経済成長・市場効率とセットとなった「生き方」ではなく、それぞれの農山漁村における固有の自然のあり方と一体となった「生き方」にほかならない。それぞれの固有の自然のあり方と一体となるというのは、それぞれの土地の風土とそれにまつわる地域文化になじむことであり、各地域のコミュニティとつながる「生き方」を実践することにもつながっていく。

ところで、日本のローカル経済、ここでいう「田園としての地元」のあるべき姿を活発に議論している一人に、福井県美浜町町議会議員の松下照幸がいる。(10) 美浜町には、関西電力の美浜(みはま)原発があり、1・2号機の廃炉は決定されたものの、3号機については二〇二〇年の再稼働に向けた動きが進んでいる。

松下は、原発再稼働に反対の立場を鮮明にする一方で、原発はただ停めればよいというものではなく、原子力発電所およびそれに関連する事業所、産業で働いている人たちの生活、および町の財政という現実そのものにまっすぐに立ち向かわなければ問題の解決はあり得ないという考えをしめしている。

原発災害は、発生するかどうかは確率統計的に「不確実」であるのに対して、原発廃止による経済的打撃は「確実」であるとの「確信」をもつ者に対して、いわば一種のアンチテーゼ・良心的反論を示そうというわけである。

原発の「経済神話」から解き放たれるための現実的な道すじを打ち出す試みといいかえることもできよう。

先に述べたように、原発は地域が地域として成り立つバランスの機微にふれる施設であるがゆえに、その判断は、つまるところ二者択一の思考におちいりがちである。松下は、こうした傾向に異を立てつつ、現実が突きつける課題をうけとめ、その具体的な解決策を探ろうと試みるのである。

その示唆に富む提案のポイントを示しておこう。

一つめは、再生可能エネルギーの推進・拡大を、原発を廃止する美浜町の重要なエンジンにすえる、いいかえれば美浜町を自然エネルギーであふれる町に転換すること。これは地域が消費（必要）するエネルギーを地域で生産する「地消地産」の実現を意味する。その際に自然エネルギーの推進・拡大を、これまで原発関連の作業にあたってきた下請け企業を包める形で具体化するという考えを提起している。また、再生可能エネルギーの利用効率を高めるために「家屋の断熱化」の徹底を提案する。それが地域の工務店の受注を促し、さらに工務店と連関する産業の活性化にもつながるだろうとの見通しをたてる。

二つめは、美浜町における農林漁業の活性化と観光地としての再整備。実際にも、林業振興と木材の多用途開発を実践している。

三つめは、原発の廃炉に向けたいわゆる激変措置として講じられる「エネルギー構造高度化・転換理解促進」事業予算を組み込むことである。これは廃炉にともなって自治体財政が大きな変化に直面することになるのに対して、原発の固定資産税に代替する「地方交付税交付金[11]」に加えての公的サポートとなる。

四つめは、新たな原発の建設は認めず、既設の原発はすべて廃炉にするという条件を付すことを前提に、美浜町で生み出した使用済み核燃料だけと限定しつつ、美浜町で保管することを受け容れる。危険物質である使用済み核燃料の保管には「使用済み燃料保管特別税」を課す。

最後の提案は、なかなか合意の得られない悩ましい問題として壮烈な論争をさそう可能性が大きいが、稼働しているか停止しているかを問わず、現に原発が立地している自治体・地域において、この議論を避けて先に進むことはできないことは確かであろう。[12]

ともあれ、創意に富む松下照幸の着想は、原発立地地域におけるポスト原発をめぐる議論に確実に一石を投じる性格をもっている。松下のアイデアの大枠は、原発関連の収入をいわば反転させる形での収入確保、自然エネルギーの地消地産とそれにつながる地元産業の起動・活性化、第一次産業の潜在的価値の再認識・再評価などに基づく「地域」「地元」資源の徹底した活用としてとらえられよう。もし、そうであれば、いわゆる地域循環型社会の考えといみじくも重なると考えられる。

そこで、あらためて、なぜいま「地域循環型社会」が注目され、種々あるオルタナティブ社会のなかでなぜ有効な選択肢であり得るのかについて取り上げておこう。

3　地域循環型社会という選択

a　「循環型社会」ないし「地域循環型社会」

「東北」のブロック紙として知られる河北新報が、「循環型経済　幸福の鍵」との見出しで小さな企画記事を掲載した。[13] 現にある普段の収入や使われていない地域の資源を見直し、「地域経済循環」を高める取り組みが「東北」でも始まり、あらためて地域のつながりを考えた経済がスタンダードになろうとしているという趣旨の記事であった。

そこで最初に「循環型社会」ないし「地域循環型社会」という用語が、どのような意味で使われているのかを確認しておこう。

まず、①自然エネルギーをふくむ地域資源の活用を基礎に置きながら生態系ないしその機能の一つの自然の物質循環にそった社会・地域社会をめざすという意味で使われる。また、②工業化の発展・拡大が資源・環境問題に帰結したことを背景としていわゆるリサイクル社会に焦点をあてて使われることもある。さらに、③地域内の所得が「外」に流出することを抑え、地域内での「お金」の循環をめざす地域社会という意味で用いられることがある。

先に紹介した河北新報が注目する「循環型経済」は、まさにこの最後の意味内容を想定しているとみられる。もちろん、これらの意味区分は、それぞれ相互に無関係で別個にあるようにみえるが、むしろ相互の関係・つながりをつけることができたときに、「循環型社会」がその姿を現すと考えるべきであろう。いいかえれば近・現代の科学技術文明がたどりついた高度工業化社会、それがひきおこした環境問題、資源問題を打開する方向性がみえてくるのである。そればかりではなく、グローバリゼーションの進展・加速が破壊してきた地域社会を立て直し、あらためてめざすべき方向に舵を切ることの展望がひらけてくると見てよいだろう。

周知のように、高度工業化は、資源のほとんどを地下資源（鉱物資源としての金属鉱物と非金属鉱物など）にもとめつつ進展してきた。しかし、経験則としての熱力学第二法則が教えるように、資源は必ず廃物となり、その廃物の行き場がなく(処理されず)、それが生態系を害することから環境問題が発生した。いわゆるエントロピーの問題にほかならない。そこで、廃物の減量化を講じ、有毒物質の排出削減をめざすとともに、原料資源・エネルギー資源の節約をはかるべくリサイクルが課題となり、その実行がはかられてきたのである。しかし、地下資源を原料とする工業製品のリサイクルは、自然の物質循環とは本質的に異なっているのである。

それに対して、工業製品（＝加工品）であっても原料が自然の産物の場合には、自然の物質循環に整合する可能性をもつといわれる。物質循環において廃物が資源になり、生態系を維持・再生する関係がうまれるからである。自然を直接に対象とする第一次産業には、地域の物質循環に沿った形での営みができるという特長がそなわっているとみることができるが、自然を原料とするものづくりもこれと共通すると考えられるのである。

そうであれば、地域における自然の物質循環とそれを活用する第一次産業、さらに地域の自然資源を原料とする工業とそのリサイクルとをつなげ、それを土台とすることによって地域外に流出している「お金」を可能な限り地域内循環に引き寄せる経済型循環型社会、経済的に自立可能な地域社会を展望することができることになろう。こうした形が「地域循環型社会」の原型と考えられるのである。

もちろん、このような地域の経済的自立の物質的根拠となり得る地域資源は、いわば地域が必要とするものすべてをまかなえるほど、その分布が多岐にわたるわけではない。気候や風土の違いもある。したがって地域が他の地域に依存する側面をもちながらも自立性を保つためには、地域に特有な資源を活用できる独自の産業構造、固有の経済の仕組みを創りだすことが必要となる。それが「地域外」から所得を得て、しかも可能な限り所得が「地域内」にとどまることを実現する地域社会を創り出すことにつながるのである。

その意味で、注目したい事例の一つに、自然との共生を実践しながら、地域循環型社会への接近をはかっている「置賜自給圏」（山形県置賜地域）の試みがある。

b　置賜自給圏—山形県南部地域の例

「自立した持続可能な地域」をめざす「置賜自給圏」は、山形県南部の八市町（米沢市・南陽市・長井市・高畠町・川西町・小国町・白鷹町・飯豊町）から構成され、その人口は約二二万人、面積は約二、五〇〇平方キロメートル（ほぼ佐賀県の面積に匹敵）で幕藩体制における米沢藩の版図と重なる。

注目されるのは、運営主体である「一般社団法人置賜自給圏推進機構」を構成している八部会のあり方自体に、その理念があらわれている点である。八部会とは、①再生可能エネルギー部会、②圏内流通（地産地消）推進部会、③地域資源循環農業部会、④教育人材育成部会、⑤土と農に親しむ部会、⑥食と健康部会、⑦森林等再生可能資源の利用活用の研究部会、⑧構想推進部会である。[14]

すなわち、暮らしに必要な資源は、エネルギー資源も含めて、置賜地域の森や川や田畑にもとめることで、生活全体の地域自給を高めると同時に地域社会のよみがえりをはかり、それを土台として地域住民の健康で文化的な生活を実現する、という考え方が凝縮されていると考えられる。これを、エネルギー、農（業）、[15]自給圏（圏外との関わりも含む）の三点に絞って、その概略をみておこう。

第一に、エネルギーについては、大前提のコンセプトとして「山は川を育て、川は海を育てる」があり、その上で地域に賦存する森林や水などの再生可能エネルギー（小水力発電や木質のバイオマス発電）による地産地消を基本におくとしている。特に注目されるのは、「循環型エネルギーの町」を目指し、再生可能エネルギーの地産地消に取り組んでいる飯豊町である。同町では、同町産のナラから木質バイオマス製造装置でペレット燃料を生産しているが、さらに山形大学や山本製作所（天童市）と連携し、その燃料に対応した独自の「いいで型ペレットストーブ」の開発にこぎつけた。[16]ストーブの普及が進めば、町内の豊富な森林資源の有効活用につながり、「エネルギー自給」にも見通しがつくことになる。

第二に、農（業）については、戦後日本の農業がたどり着いた農薬・化学肥料をふんだんに投入するケミカル農業というべき現実からの脱却をめざし、「土はいのちのみなもと」の徹底をはかってきた。いのちを支える土の健全性が第一であり、この土といのちとの関係を抜きにして、面積・規模・効率だけを追い求め、結果としてケミカル農業に行きつくような現実の農業からの転換は不可能であることを見通している。

日本農業の実態は「家族農業か企業農業か」の二項対立となってきたが、これを超えて農を志す都会の若者、農を生活の一部に組み込む市民、自給的生活を志向する人々などに農地を開放する仕組み（農民的土地所有と市民的土地利用の共存の仕組み）の構築を目指している。

この農のあり方によって、第三に、自給的生活圏の形成が現実性を持つことになる。自給的生活圏は、地域農業が地域社会に安全な食材を提供し、地域社会に地元の作物が積極的に取り入れられる関係を組み上げようというものである。地域の田畑と人々の暮らしを結びつけることを通して地域の豊かさを取り戻そうという点にその核心がある。

自給圏の形成は、地域資源と直結するエネルギーはもちろん、基本的には食と農について圏外に依存しない体制であるという点で農（業）を基本とする循環型地域社会の構築という側面を持っている。言い換えれば工業を軸とした産業社会が、いまや地球全体を一つの市場と捉えるいわゆるグローバル競争の渦に捲き込まれるのとは対照的な特質を持っている。

工業は、製造の位置と市場との距離という解決すべき課題・問題は抱えるものの、場の固有性に拘束・制限されることはない。そのような本質を持つ工業は、グローバルな広がりをもつ競争に直面した場合に、労働力や土地自然がより安い国や地域に製造の場を移転する傾向が明らかとなってきた。

それに対して、置賜自給圏では、農は、たとえ産業レベルで捉えるとしても（農業として捉えるとしても）、それぞれの地域に根づいた産業として、その地域の地形や土壌や気象条件などを与件としながら、それに的確に対応し、持続することを原則としてきた。

なぜならば、農業を工業と同様にグローバリゼーションの渦の中にさらすとすれば、農業技術の次元にとどまることなく（人の手の延長の技・技能の次元を超えて）、化学肥料や農薬の大量使用というケミカル農業の全面化にいたり、さらには生物の示す化学反応を技術的に利用するバイオテクノロジーの採用にまで行き着いてしまうことを見通していたからである。もちろんそうなれば遺伝子組み換え食品、食品添加物、食肉へのホルモン剤投与などと無関係であり続けることができなくなることも見抜いていた。

置賜自給圏は、「おらが国」の風土によく適合する作物を作り、それを食べ、豪雪地帯という自然に対してはこれに逆らうことはせず、あくまでも現にある環境のなかで形づくられた産業や文化を受け入れながら、これを圏外に発信していくことを基本としている。固有性のある地域同士が連携する可能性を追求しようというわけである。地域で育った木で家を建てる原則、とともに銘記されるべき点である。

こうした自給圏のあり方との関わりで、さらに注目すべきことは、積極的にグローバル化の動きに対して一線を画そうとしている点であろう。やや具体的には、例えばＴＰＰやＦＴＡなどのいわゆる国際ルールに組み込まれることを明確に拒否しているのである。このような圏内のいわば一体性を重視し、維持しようとするあり方は、例えばドリーム農園（西置賜郡白鷹町）という産直市場において、年間二億五、〇〇〇万円の売り上げから、肥料、資材など三〇パーセント相当の生産費を控除した残りのすべてを地元に還元している事例からもみてとれる。

さらに自給圏の性格をより一層鮮明にしている実践活動として、長井市における生ごみをめぐる試みがある。同市では、市民と行政が一丸となって、市部から出る生ごみを堆肥にして市内の農地に還元し、その農地でとれる作物（コメや野菜など）が、市民の食卓や学校給食、市内のレストランなどに供される仕組みが作られている（レインボープランと呼ばれる）。

レインボープランには二つの柱がある。

一つが「循環」であり、土から産まれたものを土に還すという有機物の循環と市・町（都市）と村の人々の間に環を築くこと。その観点のもとに、市・町民による生ごみの分別は、ごみの減量を目的とするのではなく、市・

町民による土づくりへの参加（＝協同意識の形成）をうながすものと位置づけられている。

もう一つが「ともに」を追求すること。地域内の生活者としての市民と行政、職域の異なる者たちが対等の関係で交わり、協議するという同プラン運営の基本にかかわることである。レインボープランの基本的コンセプトが、生態系やその機能の一つである自然の物質循環と整合する暮らしを地域のなかに定着させる、というのがよくわかる。

以上から、エネルギーの地産地消を見すえ、土着であることを前面に押し出しながら、農のあり方を追求し、自給的生活圏の形成という形で地域の一体性を目指す「置賜自給圏」が、地域循環型社会の構想にとって参考とすべき内容を備えている事例とみることができるのである。

c　地域社会自立の「根拠」

そこであらためて「地域社会が自立する必然性」について考えてみよう。

その基本は、置賜自給圏の実践にみられるように、人間の生命維持とその再生産にとってなによりも重要なのが、いわゆる食物連鎖の環境のなかにきっちり入っているか否かの点にある。人間の生命を維持するためには食べ物が不可欠であるが、周知のようにその食べ物は人間以外の動植物による生命活動を前提としている。

自然界の「生産者」である緑色植物は、二酸化炭素と水と太陽エネルギーで光合成を行なうことで有機物を生みだすが、それにくわえて、土のなかの無機物を栄養素として吸収することで命を保つ。動物たちはこの「生産者」がつくりだした有機物を直接ないし間接的に食することを通して生命を維持する（自然界の「消費者」）。「消費者」の排泄物や屍体などの有機物を分解して無機物に転換する働きをするのが土のなかの小さな生き物、微生物である（自然界の「分解者」）。この無機物を、自然界の「生産者」が摂りこんで栄養素としながら光合成を行なう、という循環が食物連鎖である。そして川、海、緑地、林野などがいわばセットになっている自然環境とそこに生息するすべての生物（植物・動物・微生物）が構成する広がりが自然生態系という空間なのである。

食物連鎖を通した生命維持のしくみは、「広い意味での農業」がそれを基本として成り立ち、同時に相互に支えあう関係にあると考えられる。「広い意味での農業」というのは、田畑を耕して作物をつくる農耕に限定されず、漁業、畜産業、林業および発酵食品づくり（醤油、味噌、みりん、日本酒、納豆、酢等）を典型とする微生物産業などを含んでいる。こうしたいわば食（と衣・住）にかかわって人々の暮らしを支えるのが「広い意味での農業」であるが、それが地域社会の物質的基盤を保障しつつ、その不可欠な成立基盤である食物連鎖を通した生命維持機構とともに、地域社会自立の必然的根拠となると考えてよいだろう。[17]

もちろん、人間社会の歴史では、近・現代における市場経済の加速度的な発達・拡大とそれが促した工業化・高度工業化により、「広い意味での農業」を軸とする地域社会が次々に断ち切られてきた。

例えば、生活に必要な食べ物が、地域外からはもちろん国外からも入ってくるようになる一方で、風土や気候に由来する在来作物がはじき出されるようになり、在来種にかわってケミカル農業によって育つ作物が大きな比重を占めるようなってきた。のみならず「広い意味での農業」が立ち行かなくなり地域自立の基盤が損なわれてきたのである。

したがって、資源問題、環境問題への対応ということも含めて、人間の生命維持とその再生産の根幹にかかわる「広い意味での農業」の再生・再興・再構築が、人類史的に求められているといえよう。

d　第一次産業の再構築の意味

それでは、第一次産業いいかえれば「広い意味での農業」を再構築することには、どのような社会的な意味があるのだろうか、この点についておさえておこう。

すべてを自然が決める、これが「広い意味での農業」であり、その地域に固有な水、土、光、風などさまざまな自然条件を受け容れ、いわばその与件の枠のなかで最適化をはかるというのが、その最大の特徴である。そして、すべてを自然が決める「広い意味での農業」は、食（衣・住）にかかわっているがゆえに、いいかえれば生命系の維持（人間生活の基本的物質の維持）につながっているがゆえに、けっして自らの存立基盤である自然の再生力を破壊しないし、破壊できない。その点で、「広い意味での農業」、すなわち第一次産業は、人間社会の基礎産業としての確固とした位置を占めるといえる。

したがって、生きた自然を前提とする「広い意味での農業」と、間接的にではあれ自然を制御可能とみる工業との差異は決定的である。工業に軸足をおく社会は、自然の効率的な活用をめざして大々的に機械システムを導入する傾向を強く持ち、いわば自然の摂理はないがしろにされがちとなる。しかも工業は、「加工された自然」を原材料とすることから、自然の現場から「自由」であるだけに、可能な限り安価なものをもとめて国内外を飛びまわることにもなる。

資本主義経済が成立する以前は、工業（ものづくり）は農業のなかに組み込まれており、農業のいわば副業として営まれていたことは歴史が教える通りである。それに対して、資本主義経済は、工業が都市において展開し、第一次産業が「農村」で行われるという構造をもちながら発達してきた。必要な労働力を「農村」から吸い寄せながら発達した工業は、資本主義経済それ自体の発達として現われ、それと逆比例的に第一次産業の縮小が進行してきたのであった。

「加工された自然」を対象とする工業は、自然の制約から自由である場を領域としながら、もっぱら市場の動向に効率よく対応することによって収益を最大化することに意を尽くしてきた。こうした工業の論理、いいかえれば第二次産業の論理が、産業全般に一般化されてきたのが近・現代の経済社会の歴史であった。このことは当然、近・現代社会の軸が、自然の条件に拘束される第一次産業（「広い意味での農業」）に関わることを避けるか、関わるとしても工業の論理をあてはめることができる限りにおいてということを意味した。こうして「広い意味での農業」の縮小はある意味で必然として生じたのである。

さらには、自然の制御を当然のこととしながら、いかに工業生産力を高め、いかに経済成長を達成するのかが近・現代社会において最優先となってきたこともつけ加える必要があるだろう。いわゆる資源問題、環境問題が深刻な社会問題となる構造の根因が、そこにあるからである。

経済成長を至上とした工業化・高度工業化は、資源問題・環境問題を惹き起こす一方、各地域における域外依存を高めることにもつながった。それは各地域における自立性が低下し、自立性を担保する基盤となってきた食・衣・住の自給体制が後退することによって、地域伝来の固有の文化やそれを存続させてきた生業や技（ワザ）・技能を途絶えさせてしまうことを意味した。

すべてを自然が決める「広い意味での農業」が後退を重ね、制御不能であるにもかかわらず工業（の論理）が自然のなかに入り込み、自然を破壊し、それゆえに地域社会そのものを破壊し続けてきたのが近・現代である。間もなく二十一世紀も二十年目を迎えようとしている現在、事態はより一層深刻化しているとみられる。

財政社会学の立場から地域再生の道を追い求めてきている神野直彦は、「人間の生活は大地の上で、地域社会に包摂されて営まれている。人間の生活の危機は地域社会の危機でもある[18]」と見抜いている。第一次産業、すなわち生命系の維持に直結する「広い意味での農業」の再構築をめざす社会的意味はきわめて大である。

その再構築される「広い意味での農業」が、基本的にめざすべき方向は、大気、海洋、土壌など地域の自然がもつ再生産力を引き出すことを基礎として組み立てていく地域社会である。

そのために地域に固有の自然環境特性と地域社会に現にある労働構成とをふまえた産業を、生業・自営業および規模としては中小企業が担う地場産業として具体化することがめざされる。すなわち、地域に内包された自然生態系の再生産力を基底とする「広い意味での農業」（第一次産業）とこれに関連する第二次産業を柱とするのである。もちろん、ここでの第二次産業は、地下資源・鉱産物を原料とするタイプの工業とは違い、製品が廃棄物になっても自然に還るような製品をつくる産業であり、そうであるからこそ地域に根を下ろすことができるのである。

第一次産業、「広い意味での農業」を再構築することは、自立する地域社会を創り上げることに通ずることになる。

ちなみに、「広い意味での農業」を土台とした「自立する地域」づくりにおいて銘記すべき点として、以下のことが考えられる[19]。

一つは、地域住民による自発性を基本とし、あくまでも地域に賦存する資源を念頭におきながら内なる視点を明確にした「地域づくり」である。もともと本質的に地域性から自由であるのが企業という組織であるが、そうした企業（＝外部資本）に主導権をわたすやり方を退け、地域住民が主体的にかかわることが最大のポイントとなる[20]。とくに工業化の中軸を担っている企業・工場を誘致することが地域社会の発展に通ずるという落し穴には注意する必要がある。

二つは、いわゆる先行・成功型の模倣に陥らずに、地域の固有性をふまえた独自性が明確に表現された「地域づくり」であること。しかも、地域の「点」にとどまることなく「地域全体」の範囲をカバーし、産業だけに偏らずに社会的領域にも視野を広げつつ、地域伝来の文化はもちろん、教育、福祉、医療などを含めて総合的な観点が担保されていること。端的に言えば、人々の日常的に欠かせない機能がカバーされていることである。これは、地域の固有性から出発しているがゆえに、地域の個性が目に見える形になることをさす。基本的な食・衣・住に関する独自の内容とその表現が地域住民の暮らしの構造とその魅力を伝えるのである。

e 地域社会自立の要因―経済的自立

これまでみてきたように、「広い意味での農業」の再構築が、地域社会の物質的基盤を保障することにより、地域社会自立の物質的根拠を与えることがわかった。

それでは、地域社会自立の物質的根拠をもつことが、地域社会の経済的自立につながるためにはどのような課題ないし条件をクリアする必要があるのだろうか。

もちろん、ここで考えている経済的自立は、すでに強調したように、必要なものすべてを自らまかなう、外に対して完全に閉じたいわゆる自給自足経済（アウタルキー）を指しているわけではない。内発的地域主義を提唱した玉野井芳郎によれば、地域の経済的自立というのは「アウトプットよりもインプットの面で、とりわけ土地と水と労働について地域単位での共同性と自立性をなるべく確保」することを意味する。(21)

このことは、地域で産出したものを市場に出荷し、売り上げを伸ばしてより多くの収入を得ることが経済的自立につながるというのではなく、生産に必要な要素をできるかぎり自前のもので工面することこそ経済的自立に通じることを示唆している。

これを少し掘り下げておこう。

すなわち、地域社会の経済的自立の要は、地域内部での経済循環をはかることにある。そのためには、例えば地域資源について、これまで利用してこなかった資源の発掘だけでなく、地域の廃棄物をバイオマスエネルギー源としていかすというようなこと等を考えねばならない。

もちろん、こうした域内循環の徹底と同時に、地域に賦存しない資源など地域外に頼らざるを得ないものに関しては、その買い入れにあたって域内外の収支バランスに意を用いる必要もでてこよう。

先に、人々の暮らしの土台をなす食・衣・住と直接ないし間接的に連関する「広い意味での農業」の再構築が「地域づくり」の重要なカギとなることをみた。その場合、「広い意味での農業」については地域資源による展開が不可欠であり、それ以外の産業においても可能な限り地域資源に基づく運営が求められる。

もっとも、地域資源といってもその対象・意味するものはきわめて広範囲にわたる。

やや抽象的にいえば、地形、気候などの自然条件とそれに適応する土地（緑地、林野）や海、河川およびこれら全体を包含する自然環境それ自体、およびこの自然環境のなかに生息するすべての生物（植物・動物・微生物）が構成する自然生態系、そしてそれが美観・景観として表象されること自体も地域資源の範疇に含まれる。[22]

また、地域経済循環の視点に立てば、地域から持ち出せる地域資源と持ち出せない地域資源とに分類することも有効だろう。[23]

前者には、食・衣・住にかかわるモノが含まれるが、持ち出せるということは、市場に持ち込んで商品としての価値実現をはかる可能性をもつが、逆に持ち込まれるということでもあり、外から商品が入り対価の流出が発生することにもなる。地域の必要（消費）を地域資源によってまかなうことができるか否か、が問われるわけである。

一方、持ち出せない地域資源というのは、自然環境、地域の自然条件のなかに包摂された生態系、美観・景観やさらには地域独自の行事、祭り、地域文化などが入る。このような持ち出せない地域資源は、地域の経済的自立を左右するという意味できわめて大きな価値をもつことになるといえよう。[24]

ところで、持ち出しといっても、地域の資源がほとんど使われないまま、「お金」が流出するという意味で「持ち出し」となってきたのがエネルギーの代金である。したがって、従来ほぼすべてが外部依存となっていたエネルギー（電力や石油製品等）を地域資源由来に代えることができれば[25]、地域の経済的自立にとって、非常に大きな貢献となるのはいうまでもない。

地域のエネルギー需要を見定めた上で、地域に賦存する固有のエネルギー資源（太陽光、水力、風力、地熱、生物体＝バイオマスなど）を発掘・特定し、その供給を利用可能な自然エネルギーの最適組み合わせによって実現するエネルギーの地域自給は、雇用の創出を含めて地域経済の活性化に大きく寄与することは明らかである。いいかえれば経済的域外流出をくいとめ、地域内経済循環を生みだす重要な一環となるのは間違いない。

このような地域の自然資源を使って発電し、それを地域外に販売（売電）することによって得る収益を地域づくりに活用する事例はすでに多数にのぼる。「エネルギー自給率一〇〇％以上」の自治体が年々増加していることは広く知られるようになっている。

千葉大学倉阪研究室とＮＰＯ法人環境エネルギー政策研究所の報告書によれば、地域内の民生・農林水産業エネルギー需要を上回る再生可能エネルギーを生みだしている市町村は、二〇一三年三月の五五から、二〇一七年三月の八二まで増加している、という[26]。

ただし、「エネルギー自給率一〇〇％以上」の自治体のなかでも、自給率がとびぬけて高い自治体がある。二〇一七年三月末時点では、熊本県五木村（全自給率一、二三九％）、大分県九重町（同一、一九六％）、長野県大鹿村（同一、〇二一％）などが目につく。しかし、これらエネルギー自給率の上位三自治体の地域経済循環率（地域自立度）は、それぞれ五〇％、八三％、五二％（二〇一三年時点）に過ぎない[27]。

大分県九重町をやや別として、自立度はさほど高くはないのである。いいかえればエネルギーの自給率に比較して（自給率と地域経済循環率の比較年が異なることを考慮しなければならないが）、所得の面では他地域からの流入に対する依存度が高く、支出の面では地域外への流出があることがうかがえる。いわば、エネルギー自給率の高さが、地域自立（経済的自立）に必ずしも結びつかない例を示している。

この意味で、地域のための地域のエネルギー利用という観点から注目されるのが、新妻弘明の提唱によるＥＩＭＹ（Energy In My Yard）として知られる概念である。[28]

ＥＩＭＹは、地域のために地域の自然エネルギー資源を利活用すること自体と、その実行にあたっての最適な施設や設備を導入することを積極的に受け入れていく社会のあり方をさしている。地域の自然エネルギーの利活用に際しては、「技術的・経済的に許す限り」実行することを基本とする、というのが最大のポイントである。技術的に困難をともなうとか、経済的に負担が生じるようであれば無理はしないことを原則としているのである。

ここには、エネルギーの地域自給をあくまでも地域社会の自立という観点からとらえた上で、一〇〇％自給ということにはこだわらずに、柔軟に対応する指針が示されている。地域のエネルギー消費需要をつかみ、それに見合う供給を地域で利活用可能な自然エネルギーのいわば最適な組み合わせで行なう、一言でいえば「地域のエネルギーを地域資源でまかなう」ことを原則としながら、そのための、より現実的な実践のあり方を教えているのである。

f　地域の経済的自立と地域経済循環

ところで、できる限り外部依存度を低め、地域の自立、とりわけ経済の自立に関する議論のなかで現在注目されているのが、イギリスの「新経済学財団」（ＮＥＦ＝New Economics Foundation）が唱えている“Plugging the Leaks”（「漏れ口をふさぐ」理論＝「地域内乗数効果」理論）である。[29]

一言でいえば、地域社会にとっての問題の核心は「地域に入ってくる『お金』が少ないことにあるわけではない」ということを主張する議論である。

中央政府による交付金や補助金ばかりでなく、企業誘致（投資の呼び込み）や観光客誘致など、一見したところ地域を潤すと思われる仕掛けをいくら設けたとしても、「お金」が単に「素通り」するだけであれば、地域にとっては何のプラスにもならないことを明確に指摘している。

すなわち、補助金を充てて何らかの施設をつくったとしても工事を担当するのが地元企業でなければ工事費は地域外に流出することになる。また、仮に企業誘致がうまくいったとしても、その企業と取引のある地元企業がなければ「お金」は地域にとどまらないし、仮に誘致企業の雇用者が地域住民であったとしても、給料での買い物先が地域外の店であれば「お金」は地元には残らない。観光客の地域での買い物にも注意する必要がある。観光客が購入する物品が、地域外から仕入れたのであれば「お金」は地域を出ていくことになるからである。要するに、こうした場合には、流入する「お金」はいわば瞬時に「漏れ出て」しまい、地域内循環が成り立たない構図となっているのである。

ＮＥＦは、こうした事態への対策として、流入する「お金」を加速度的に増やすというやり方もあり得るが、「お金」を可能な限り地域内にとどめおく工夫を講じるのが現実的なやり方だろうと主張する。

そのために、二つの方法を提案する。

一つは、「お金」が一か所に集中することのないように工夫し、地域内で分散するような流路を設けることである。これを比ゆ的に「Irrigation（灌漑）」と呼ぶ。

もう一つは、「お金」ができるだけ地域内にとどまるように、「お金」の「漏れ口」と考えられる箇所をふさぐこと（Plugging the Leaks）。「お金」が「漏れ出」てしまうような、どうしても地域外に頼らざるを得ない部門を特定し、それの内部依存度（内部調達率）の引き上げをはかることである。

ＮＥＦは、このように二つの方法を提起した上で、「お金」の内部循環がどのように実現されているのかが焦点になると考える。すなわちある地域にひとたび流入した「お金」が、最終的に外部に出ていくまでに、地域のなかで何回使われたのかが重要な指標だとみる。このある地域への最初の流入額と比べて、最終的にその何倍の需要が地域内に累計してもたらされることになるのか、を示すのが「地域内乗数効果」である。

ＮＥＦは、ある地域に流入した「お金」の行方を最後まで追跡し、厳密な「地域内乗数効果」を算出することは事実上不可能ととらえ、資金循環の最初の三回だけを聞き取り調査・アンケート調査などによってデータとしてそろえ、それを集計することで「地域内乗数効果」とみなすとしている。これをＬＭ３（Local Multiplier 3）と呼んでいる。

いずれ、内部循環を基盤とした地域社会を形成し、その持続をめざすにあたって、ＮＥＦの「漏れ口をふさぐ」理論（"Plugging the Leaks"＝「地域内乗数効果」理論）を参考にするとしても、すべての地域社会がすべての「漏れ口をふさぐ」と解釈するのではなく、地域内循環で自立の基礎を固めた地域社会が、同じような志向をもつ他の地域社会と交流し、足りないものを相互に融通しあう関係を築き上げることを基本とする、と考えるべきであろう。地域内で生産・調達ができないものは地域外から購入するほかないが、その購入先には、主にそこで調達・生産できないものを提供するというような関係を想定することがポイントとなる。

他の地域ではつくられないものを、地域の自然的条件などに裏づけられながら、地域産業が生産し、販売することで地域の経済的自立を高めようということである。

こうして、地域の経済的自立を高めるなかで経済循環を組み込んだ地域社会の展望が開かれることになる。

g　地域経済の自立と地域産業

ＮＥＦ理論でいう「漏れ口」をふさぐ機能をもち、地域の経済的自立および経済的循環に対して大きな役割を果たすのが地域産業である。

地域産業には、地方産業とか地場産業などの呼び名もあるが、その定義は必ずしも明確には与えられていない。ここでは以下のようにとらえておこう。

地域産業とは、地球上（グローブ上）をどこまでも転戦するグローバル企業や国内で広くビジネスを展開する都市型企業とは違い、立地する地域社会の構造・成り立ちに深くかかわる中小零細企業が担っている産業、したがって本来的には、いわゆる伝統性が強い産業をさす。

地域社会の伝統性のある産業というのは、もともとは地域住民が日常生活で用いるさまざまな実用品を製造する、ものづくり産業などをさす。地域住民が生活のために使う品は、その地域社会の産出物が最も適していることがその形成をうながしたと考えられる。

したがって、地理的、地形的、風土的要因と結びつきながら、その地域の人々の需要を充たす品物をつくる産業は、工業というよりも、先に述べたような「広い意味での農業」に近い性格をもつとみてよいだろう。機械というよりも道具を使う手仕事に基づく産業というべきかもしれない。

具体的には、織物（綿・麻・絹）や木工品、陶磁器、漆器、染織品など多岐にわたり、実用的・機能的であると同時に美的要素をたたえている点に、その大きな特徴がある。

もちろん、現代社会においては、こうしたいわゆる工芸品をうみだす伝統的産業は、日常生活においては都市型工業が供給する工芸品と同じ機能をもつ安価な大量製品の前に屈し、衰退の一途をたどってきたのは周知の通りである。しかし、あらためて経済的に自立する地域社会を考えるのであれば、地域の地理的、風土的要因と一体となったいわゆる特産物をつくりだす固有の地域産業をもつ強みはきわめて大きいというべきである。それは、機能性・実用性と芸術性をあわせもつ工芸品に限らず、その地域社会に独自な、その地域でこそ形となるものを生みだせる産業といいかえることもできよう。

その地域に賦存する資源のなかから有望なものを発掘・特定し、試行錯誤を重ねながら、現代の地域産業を創出していくことは、「漏れ口」をふさぐ役割をもつし、雇用の場を提供することとも相まって、「お金」の地域内循環をうながすことにもつながるだろう。

なお、こうした地域産業が維持されるためには、地域密着型の、地域の現状・状態はもちろん、地域の歴史や文化さらには住民のつながりなどを知り尽くした金融機関が不可欠となる。エネルギー資源を含む地域資源の活用を前提とした融資フレームづくりをはじめ、地域循環を組み立てていく役割をはたす、地域のための金融機関がなくてはならない存在なのである。

h　地域社会の「自治」と地域循環型社会

地域の経済的自立を地域経済循環の形で実現するためには、それに向けた地域社会の共同意思が不可欠であることを忘れてはなるまい。

そして、地域社会の共同意思は、自治のしくみを通して、また地域住民の共同経済[30]として機能する地域財政の裏づけがあって、はじめて担保されることもおさえておく必要がある。

ここで、地方・地域の「自治」概念や自治権の根拠などに立ち入る余裕はないが、地域社会の「自治」とは、当該地域社会が、地域社会のあり方について、めざすべき方向を提起し、その決断にしたがって運営することを意味する、と解釈しておこう。地域社会を通してのみ、当該地域としての基本的理念が明確になり、それに基づく行動も決定できるということにほかならない[31]。

ちなみに、当該地域としての基本的理念とそれに基づく行動には、福祉、教育、医療、地域文化（含・景観保存）などの具体的あり方を含み、さらに自然環境や地域資源の保存・発掘や地域社会の暮らしを支えるエネルギーなども包含されるとみられる。地域住民の意思に基づいて地域社会が地域社会のために生みだすエネルギーは、当該地域社会が決定した「具体策」であってこそ価値をもつのである。地域に還元されることもなく、上から降りてくるのでは（国策では）、地域社会の個性を表現するものにはならないし、したがってけっして地域に根づくものではないというべきである。地域社会の「自立」は、地域社会の「自治」という土台なくしては成り立たないのである。

同時に、地域社会の「自立」を後押しするのが、地域住民の共同経済としての機能を持つ地域財政である。財政社会学の立場に立つ神野直彦は、地域の市場経済と地域の財政が車の両輪とならなければ地域経済が成り立たないし、発展しないと理解した上で、次のように指摘している。「地域住民は財政的自己決定権を掌握すれば地域社会再生に必要な公共サービスを地域住民の共同意志決定のもとに供給することができる」[32]。いいかえれば地域住民の共同経済としての役割をもつ地域財政を地域住民の共同意思決定のもとで運営することができれば、地域の「自立」につながるとみているのである。

この観点に立つことによって、これまで地方・地域の自立性の足元をさらってきた補助金制度の「ワナ」から脱け出る可能性も見えてくるだろう。

もちろん、そのためには地方への税源移譲[33]の仕組みづくりが不可欠となるが、神野の主張は、補助金それ自体の削減と税源移譲を「対」にするという点にその独創性がある。その最大の目的が、地方・地域の自己決定権強化にあるからである。

補助金・交付金等として与えられる「アメ」と引き換えに、不要不急の「箱モノ」をつくらせることや人口が密集する（大）都市には建てず人口過疎地帯を標的とする「原発」のようなものの建設を喰いとめることの可能性もみえてこよう。

いずれにしても、地域にとっては受け身的ないし他律的な性格のある、とりわけ補助金は、地域が主体的に〈地域づくり〉に取り組む際の足かせ以外のなにものでもない。むしろ、仮に補助金を返上してでも、あるいは例えば原発関連の公金（固定資産税・いわゆる電源三法交付金等）が入らなくなるとしても「地域づくり交付金（＝市町村交付金）」という自由度の高い「基金」の制度があることなどに目をむけるべきである[34]。

地域の主体性を確保しつつ、地域の共同経済としての役割をもつ地域財政の運営ができるとすれば地域の「自立」が現実性をもつことになるからである。すなわち、地域社会の「自立」を不可欠な要素とする「地域循環型社会」が、地域社会の展望を開くという道筋が見えてくることになるのである。

世界史的には、一九七〇年代以降、顕著となってきたグローバリゼーションは、地球上（グローブ上）をせわしなく転戦するグローバル企業の動きと軌を一にしつつ進行してきた。より安価な労働力と土地自然を求めるグローバル企業は、地域の成りたちや存続などにはほとんど関心を持つことはない。地域社会においては地場産業をはじめ、それまで維持されてきていた各種産業が衰退し、加速度的に人口流出が続く状況のなか、基礎自治体の消滅論まで登場した[35]。

こうした現代的な流れにおいて、地域社会自立の課題は、これからのあるべき地域の方向をはっきりと示している。とりわけ、地域社会の自立を地域循環型社会として実現することは、どこまでも外にむかって広がるグローバリゼーションを相対化するという意味で歴史的にも必然の選択といえるのではないだろうか。

4 「地域循環型社会」として自立する町——原発のない女川

宮城県牡鹿郡女川町。太平洋の沿岸部に位置する同町も、すでに本章の1で見たとおり、二〇一一年三月一一日の「東日本大震災」に遭遇し、大地震、大津波のきわめて甚大な被害を受けた。

それに対し、どの被災地よりも素早く起ちあがり、女川町は「復興のトップランナー」として注目を集めてきた。復興に向けた公民連携の成功例として、新聞、テレビ、ラジオ、本・雑誌、映画、ネットなど実にさまざまなメディアが取り上げてきた。

確かに、JR石巻線の女川駅を機軸として、それに隣接する商店街エリア、町役場庁舎、公共公益施設〔図書室・文化ホール、子育て支援センター〕など、基本的に町として欠かせない主要諸機能施設が再整備された。町の凝集軸が、いわば点・線の形で整えられたわけである。

したがって「町づくり」のステップは、比喩的に言えば、点・線から面へ、さらに立体へと進むことになる。「町づくり」について、地域全体をカヴァすることを前提に、どのような地域社会をめざすのか、いかに持続可能な地域社会を構想するのかをトータルに示すことが問われる段階に至った。

もちろん、わたしたちの関心は、女川町が、「自立」する裏づけを得て「地域循環型社会」として持続発展することに集中している。

〔図3〕と〔図4〕は、震災前〔二〇一〇年〕と震災後〔二〇一三年〕の、女川町の「地域経済循環図」であ

〔図３〕**地域経済循環図**

2010年

地域経済循環率
176.5%

指定地域：宮城県女川町

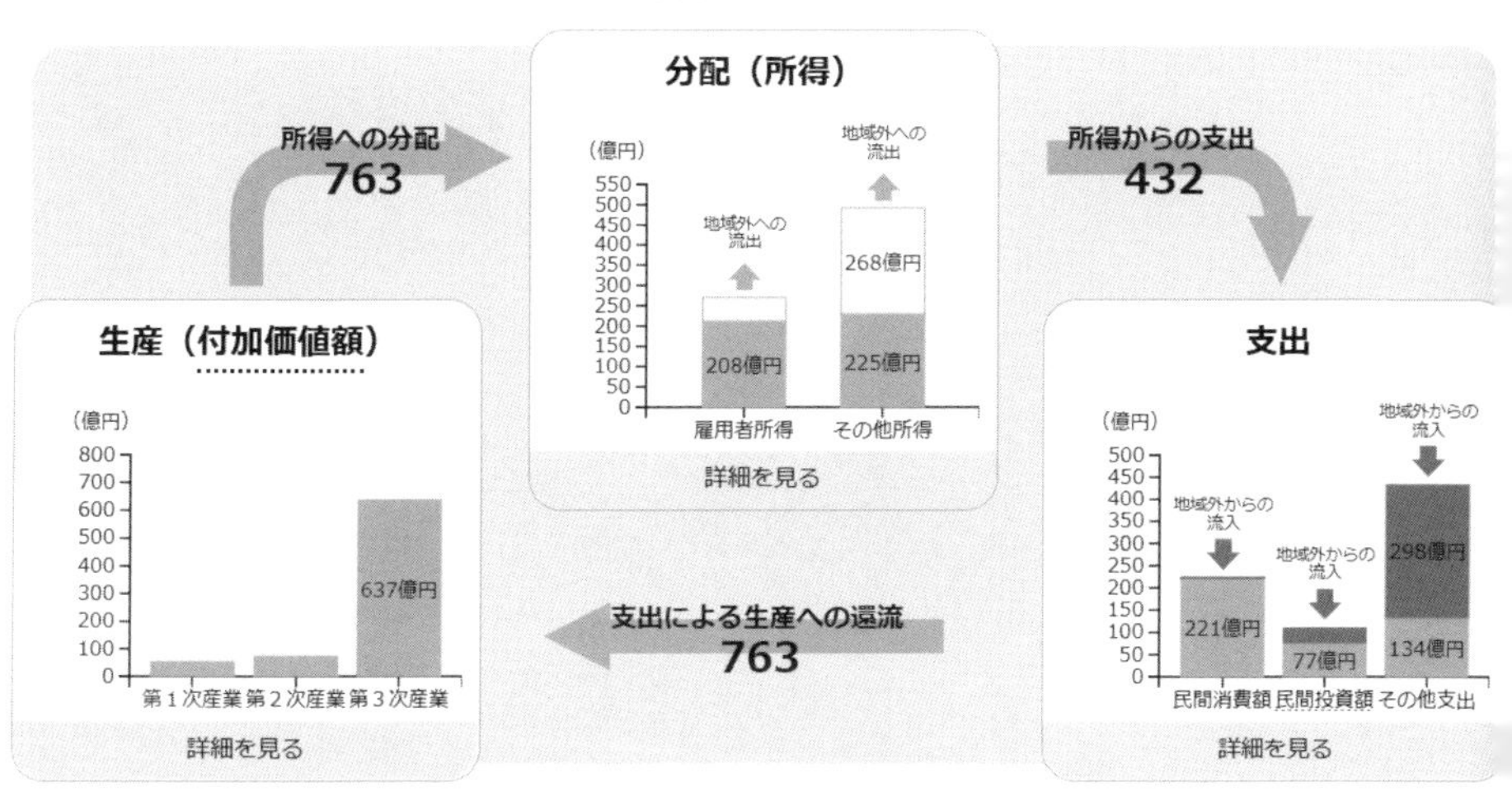

〔図４〕**地域経済循環図**

2013年

地域経済循環率
30.8%

指定地域：宮城県女川町

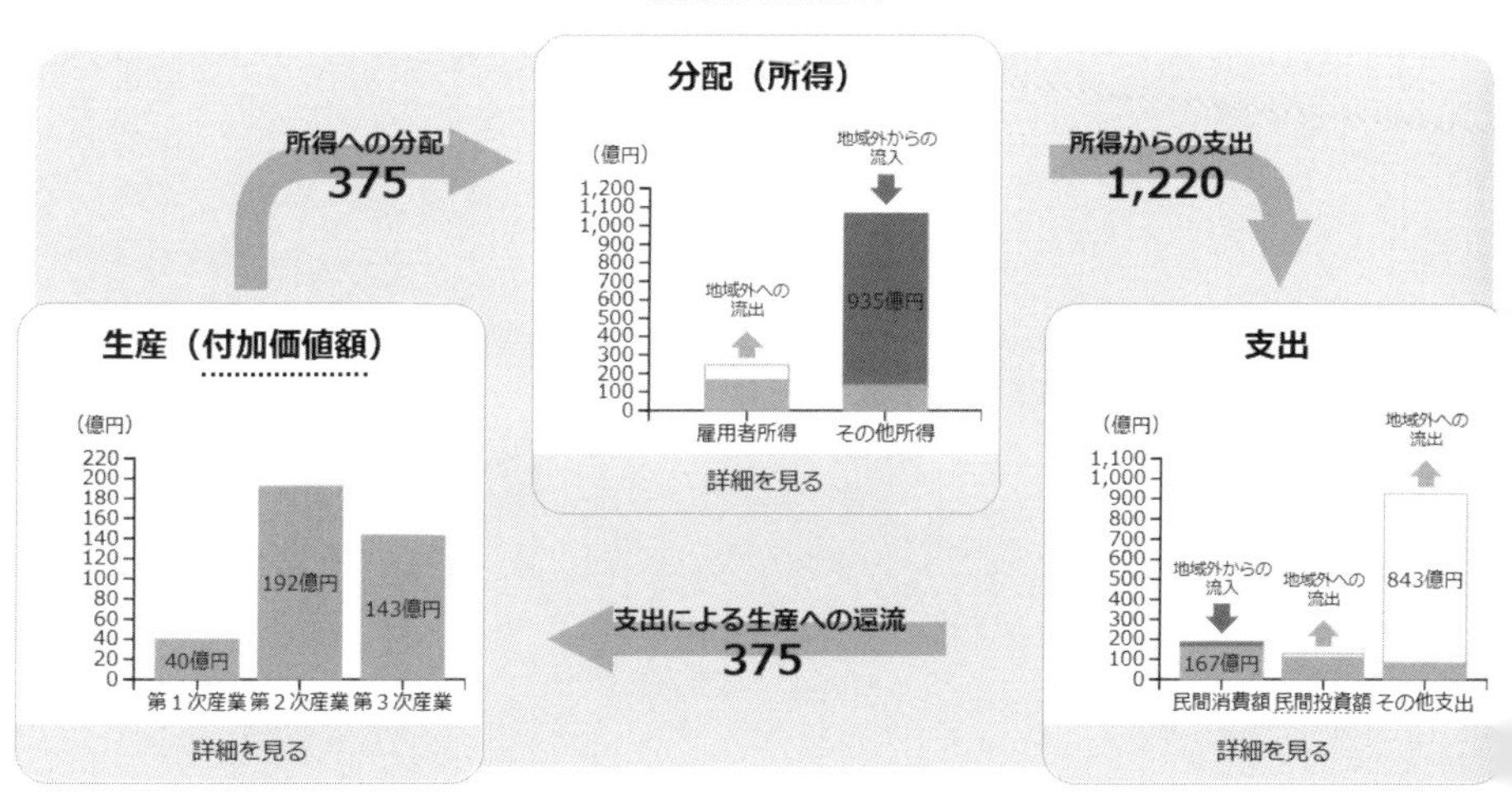

【出典】
環境省「地域産業連関表」、「地域経済計算」（株式会社価値総合研究所（日本政策投資銀行グループ）受託作成）
地域経済循環分析　http://www.env.go.jp/policy/circulation/index.html

る。[36] 見られる通り、女川町の自立度を表す「地域経済循環率」は、二〇一〇年の一七六・五％から二〇一三年の三〇・八％へ、激しく落ち込んでいる。

その要因は、生産（付加価値額）がほぼ半減したなかで、とくに第三次産業の生産（付加価値額）が四分の一以下に大きく落ち込んだことにある。二〇一三年には、第三次産業に分類される電力（原発の停止）の影響が明らかであるが、分配（所得）における「その他所得」の一人あたり所得は一、三六一万円で全国市町村のトップであった。「その他所得」には、財産所得、企業所得に加え、交付金や補助金などが含まれることから、原発の稼働停止状況でも、交付金のうち発電電力量をベースに支給する部分は発電していると「見なして交付」されることが関わっていると推測される。

こうしたデータからは、先に紹介した河北新報記事（「揺らぐ原発城下町」）が、復興需要が落ち着いてきた状況のなかで、再び原子力発電所頼みの「経済神話」が復活すると予測していることに、一応うなずける現実性がある。

しかし、本書（とくに第二章）で確認できたように、原発の経済効果はきわめて限定的であり、原発に期待するということは、祈りにも似た、あるいはただひたすら念じることに通ずることになるという意味で原発の「経済神話」の復活以外のなにものでもないというべきである。

わたしたちは、すでにこの「経済神話」の呪縛から解き放たれるデータをもっている。

原発がいわば絶対的な存在として、「町」の雇用、産業とそのつながり、財政の面で支え、他に依存しない地域社会へと押し上げることはなかった。むしろ、原発を受け容れることとの引き換えに入る種々の資金が、必ずしも必要性のない施設などの建設に充当され、それのその後の維持・修理に拘束されることの方が目立ってきた。福井県美浜原発の廃止を訴え続けている松下照幸の「現実的次元」でのアイデアをもう一度思い出そう。

原発に関連してきた雇用ならば、自然エネルギーへの転換のなかでその代替をはかる。自然エネルギーへの転換が、むしろより多くの新たな雇用をうむ産業を誘発する。

財政では、原発の稼働に応じて発生する固定資産税（ただし、年々減額）は、稼働停止になったとしても、その全額の最大で七五％が「地方交付税交付金」として入ってくることを確認しておきたい。また、原発の廃炉に伴う激変措置の「エネルギー構造高度化・転換理解促進」事業予算の組み入れも可能である。[37] さらに、自治体にとって自由度が高い「地域づくり交付金（＝市町村交付金）」の利用もできるし、人口急減などの条件があえば「過疎債」の発行による資金調達のみちもある。

このように、「原発のない町」の実現は、現実的な次元でもすでに達成可能となっている。

もちろん、わたしたちが本書で提案を試みたのは、現実の次元では、まだまだ部分的、萌芽的であるものの、これから方々のところで「地域循環型社会」としてそびえ立っていくだろう〈自立した地域社会〉である。そこには、原発という自然とは完全に対極のところに位置し、人類が生み出したものでありながら人類にはもはや全く手に負えないことが誰の目にも明らかになった施設は存在しない。そのような、いわばまだ未来に属する時空間を「復興の先もトップランナー」をめざす女川町が織り上げることを期待するものである。

女川は、「広い意味での農業」の水産業・漁業の町である。農耕を営む他地域との連携をはかる条件は十分備えている。

女川では、すでに「おながわ市民共同発電所」が、万石浦太陽光発電所をつくり売電を始めている。自然エネルギーへの転換の初めの一歩がスタートしている。

女川は、海の町と同時に森林の町でもある。森林はバイオマス資源として活用できるし、例えば森林と薬草・薬木の共生という可能性の倉庫でもある。もちろん水産業の廃棄物もバイオマス資源として有望だろう。

女川には、地域通貨がある。地域通貨は地域内でしか通用しないし、交換手段としてのみ機能する。つまり、貨幣価値を保存することはできないし、まして価値の増殖（＝お金儲け主義）とは無縁だ。女川の地域通貨は「アトム通貨」という。この呼び名は、「かつて原発が稼働していた痕跡を伝える」という意味で、そしてちょっぴりブラックユーモアを添える意味でぜひ残したい。

自然が活きている女川。自然的循環と経済的循環とがうまくかみあい、「地域循環型社会」の可能性を秘めている女川。この「原発がかつて動いていた」町に、自然を友とする者が喜び勇んで〈住み来る〉のは夢物語ではない。「原発のない女川へ」。それは、選びとる意志の問題であり、実現可能な、まっすぐにのびる現実的未来として目の前に広がっている。

【注】

（1）ＦＲＫの打ち出した構想は、同協議会の黄川田喜蔵戦略室室長の「女川町復旧復興プロジェクト起案」に拠るところが大きかったといわれる。

（2）商店街の名称の由来は、女川町民であれば知らない人がいなかった震災前の女川駅舎に設けられていた「からくり時計」の四個の鐘のうち一個が、瓦礫の中から奇跡的に見つけ出されたことにあった。

（3）あがいん、は女川でも使われる宮城県の方言。おあがり下さい、お食べ下さいの意味。

（4）河北新報（二〇一八年一二月二七日朝刊「揺らぐ原発城下町」）。

（5）原発が「地域社会の分断」を生み出してきたことは、本書の第三章で取り上げた通りである。

（6）二〇一三年にいわゆる「増田レポート」として知られる「消滅する市町村」を主張するいくつかの論考が相次いで公にされた（増田寛也『地方消滅』中公新書、二〇一四年として集約された）。この衝撃的な議論に対して、批判的にとらえ返すなかで、あらためて注目され始めたのが「田園回帰」という語であった。直接的には、二〇一四年七月に開催されたNPO法人・中山間地域フォーラムによるシンポジウムのタイトル「はじまった田園回帰」等が始点と思われる（小田切徳美［二〇一四］参照）。

（7）小田切徳美（二〇一四）、一七六頁参照。
（8）本書第一章、および藤田祐幸（二〇〇一）一二八～一三一頁。
（9）神谷隆史（二〇一三）、三一頁。
（10）朴勝俊（二〇一三）、八七～八九頁。http://wakasa-net.sakura.ne.jp/pre/news/171.pdf
六～九頁における松下照幸の主張。『朝日新聞』二〇一五年二月二三日「核リポート　原発銀座「脱原発派」、苦渋の決断」。
（11）固定資産税の収入がなくなったとしても、「地方交付税交付金」対象自治体となり、それをいわば補う形で収入が入るように地方財政の制度がつくられている。
（12）この問題に対する私見については、本章の注（37）を参照。
（13）二〇一八年七月二〇日朝刊。
（14）以下、菊地富夫（二〇一五）、菅野芳秀（二〇〇二、二〇〇五および二〇一五）を参照。
（15）農業とせず、農（業）と書くのは、「置賜自給圏」では、産業としての農業とは区別される本来の農耕としての農をめざしているからである。
（16）『山形新聞』二〇一二年、三月二五日付朝刊。
（17）中村尚司（一九七八）、四〇～四一頁。
（18）神野直彦（二〇〇五）、四四頁。
（19）金子弘美（二〇一五）、五三～五五頁を参照。
（20）外部企業とりわけ大手企業の場合は、景況によって地域＝地元の事情にかまうことなく撤退することがあるし、また、法人税などが本社のある場所に納められ、進出先には入らないといった「地域経済循環」の面からの問題があることにも注意が必要である。こうした外部企業の問題と関連して、いわゆる企業誘致に、多くの課題があることを示唆している。

(21) 玉野井芳郎（一九九〇）、八八頁。
(22) 小田切徳美（二〇一四）、八四頁。
(23) 結城登美雄（二〇〇九）、九六頁。
(24) もちろん、例えば美観・景観がいわゆる観光資源として「商品化」され、地域経済にプラスになる一方で、美観・景観の魅力・素晴らしさが地域住民にとっての矜持となり、いわば地域が一体となる非経済的プラスの面も看過できない。
(25) これまで地域の「お金」の「持ち出し」との引き換えに「持ち込まれてきた」エネルギーは、もっぱら地下資源（石炭・石油・ウラン）消費型のエネルギーである。
(26) 千葉大学倉阪研究室＋認定ＮＰＯ法人環境エネルギー政策研究所『永続地帯２０１７年度版報告書』https://www.isep.or.jp/wp/wp-content/uploads/2018/03/eizoku2017.pdf 。ちなみに、八二市町村のうち、その約半分に相当する四二市町村が、カロリーベースの食糧自給率も一〇〇％を超えているという。この一つの区域で得られる再生可能エネルギーと食料によって、その区域におけるエネルギー需要と食料需要のすべてをまかなうことができる区域を「永続地帯」と呼ぶという（同報告書、九～一〇頁）。
(27) ＲＥＳＡＳ（地域経済分析システム）https://resas.go.jp/ より。
(28) 新妻弘明（二〇一一）、一六～二二頁。
(29) 以下、ＮＥＦのリポート(https://neweconomics.org/2002/11/plugging-the-leaks)および、福士正博(二〇〇九)、二二三～二四五頁、藤山浩（二〇一五）、一五六～一五九頁、枝廣淳子（二〇一八）、一九～三四頁を参照。
(30) 神野直彦（二〇〇二）、一〇六頁参照。
(31) 「地域主義」を提唱した玉野井芳郎（一九九〇）、一〇七頁）は、沖縄の政治学者の比嘉幹郎の「憲法や地方自治法の精神からして、地方自治は中央から委任される権限としてではなく、住民固有の権限として把握されるべき」という主張を高く評価している。
(32) 神野直彦（二〇〇二）、一四二頁。
(33) 税源移譲の仕組みづくりには、さまざまな課題があるが、ここではふれない。
(34) 小田切徳美（二〇一五）、一三八～一四七頁。元は鳥取県で実施された中山間地域活性化推進交付金としてスタートし、「市町村交付金」に再編された。なお、人口急減地域ということを前提すれば、二〇一〇年から国レベルで創設された「過疎債」などの活用も考慮されてよいだろう。同債は、地方債の一種で、償還金の発生にあたってその七割が地方交付金で戻される制度（同、二〇三頁）。

（35）増田寛也（二〇一四）。

（36）ＲＥＳＡＳ（https://resas.go.jp/）の女川町のデータによる。

（37）なお、先に紹介した福井県美浜町議の松下照幸の提案、美浜原発で発生した使用済み核燃料だけに限り、放射能のゴミを美浜町で保管することを受容するが、その代価として「使用済み燃料保管特別税（仮）」を徴収する、というのはそのまま素直に認めることはできない性質の問題である。「町の原発で生み出したのだから、その保管・処分も町で行う」という発想は、まっとうな、純朴さを湛えた正論のように映る。しかし、当の町の将来世代にも確実に負担がかかる放射能のゴミ問題は、劇毒物を一か所に集中し、持続することに伴うリスクの問題なども視野にいれて考えるべき問題ではないだろうか。「安易に地層処分を急ぐのではなく、どうすればもっとも危険の少ない後始末ができるかの研究を真剣に進めながら、技術の進展に応じてより適切に管理の場所や方法を変えられるやり方で管理を続けること」（西尾漠［二〇一二］、一七〇頁）が何よりも必要なことと考えたい。

あとがき

世界全体の原子力発電に占める割合が最大のアメリカで（全世界の運転可能な商用原子炉の約二〇％強）、原子炉の縮小が続いているという。アメリカに次いで割合が大きいのはフランスであるが（全世界の約一三％）、この原発依存度が世界最大（国の全発電量の七割）の国も、二〇三五年には依存度五割まで下げることをめざしている。周知のように、福島後、ドイツが脱原発に舵を切ったが、アジアの中国、インドを除けば、原発を縮小する傾向は世界的な広がりを持って進みはじめた（注）。

福島第一原発の状況はどうか。第一章で取り上げたように、大量の放射性物質を抱えたまま熔け落ちた炉心の行方さえつかめず、したがっていわゆるデブリの取り出しの見通しもまったくないまま日々過ぎていくのが現状である。

ところが、こうした収束にはほど遠い状況の下で、避難者に対する支援は縮小され、さらに原発避難者の住宅を解体した後の更地の固定資産税が大幅に増額されることも決定された。しかも、福島における健康調査は形ばかりのものとなり、県民の健康不安が逆につのっているのが目の前にある現実にほかならない。

原子力発電は、人類にとって、否、人類を含む大自然にとって、百弊はあっても一利さえないことは歴然としている。

しかし、東北電力は、女川原発1号機の廃炉を決定する一方で、2号機の再稼働に向けた準備の歩みをやめようとはしない。二〇一三年の一二月に新規制基準審査を申請し、さまざまな追加対策を講じつつ、二〇二〇年度中の再稼働に照準をピタリ合わせている。

こうした東北電力およびその意を汲んだ宮城県の攻勢に対して、原発の廃棄を希求する県民が、二〇一八年の一〇月から二か月間、2号機再稼働の是非を問うための県民投票条例の制定を求めるべく署名活動を展開した。署名は、法定有効数のおよそ三倍に達し、それをうけて県知事が県議会に条例案を提出し、本会議での審議のち採決が行われた。しかし、条例案は、自民・公明会派の反対多数であっさりと否決された。心ある県民が、原発の再稼働に対する意思を表明すること自体が、いわば門前払いをうけたのであった。間接民主主義を補完する手段として多大な意義を持つ県民投票、そして何よりも地域の主体として県民がもつ権利そのものである県民投票が否定されたのであった。

人類が生みだしたものでありながら、人類には制御不能の「異物」と雑居する閉塞から脱け出ることはできないのだろうか。

わたしたちは本書で、「異物」なき平らでおだやかな地域社会の可能性をさぐったが、引き続き、この本意・願いに内実を盛り込むことに努めたいと思う。

本書の刊行までの経緯を記しておきたい。

それは、女川原発の建設計画が日程に上がった時以来、反対闘争に関わってきた篠原弘典が、「原発の女川町経済に対する『意味』」をあらためて分析したいと提起し、「女川原発を考える研究会」がスタートしたことが発端である。大震災後六年が経過した直後の二〇一七年四月であった。それから二年あまり、不定期ながら何度も研究会を重ねてきた。その上で、原発の反自然性・反社会性を一貫して訴えてきた小出裕章、石川徳春、西尾漠を執筆陣に迎えてまとめてできあがったのが本書である。

最後になるが、本書を上梓するにあたり、ご協力を得た多くの方に感謝申し上げるとともに、とくに四人の方にあらためて謝意を表したい。

女川町の現状と可能性についてつぶさにご教示くださった女川町議・阿部美紀子さん、本書の刊行について後ろ盾として支えていただいた平山昇さん、本書の企画趣旨を的確につかみ、それをブックデザインに表現して下さった本永恵子さん、七年目の「三・一一」の日に開催した最初の企画会議から参加いただき、以後一貫して編集作業全般に適切な助言を与えてくださった社会評論社代表の松田健二さん。大変お世話になりました。本当にありがとうございました。そして文字通り末尾となりますが、編集の作業をていねいに担当して下さった本間一弥さんに厚く御礼申し上げます。

（注）石田雅也「世界で競争力を失う原子力発電」（『世界』二〇一九、七月号）。

半田正樹

二〇一九年八月

【参考文献】

＊第二章　Ⅰ原発立地自治体の財政と経済

飯田哲也、鎌仲ひとみ（二〇一一）『今こそ、エネルギーシフト』岩波ブックレット

井下田猛（二〇一二）「地方自治と原発行財政：原発交付金と狭義の原発マネーを中心として」『自治研ちば』第七号

池田千賀子（二〇一〇）「原子力発電所が柏崎市財政に与えた影響」第三三回愛知自治研集会

石橋克彦（二〇一一）『原発を終わらせる』岩波新書

大島堅一（二〇一一）『原発のコスト』岩波新書

大島堅一（二〇一二）『原発はやっぱり割に合わない：国民から見た本当のコスト』東洋経済新報社

大島堅一（二〇一八）「原子力発電の費用と負担」神戸大学メタ科学技術ワークショップ資料

小野一（二〇一六）『地方自治と原発』社会評論社

金子勝（二〇一一）『「脱原発」成長論』筑摩書房

金子勝、飯田哲也（二〇一三）『原発ゼロノミクス』合同ブックレット

衣笠達夫（二〇一五）「原子力発電所と市町村財政」『追手門経済論集』追手門学院大学経済学会、第四九巻、第二号

熊本一規（二〇一一）『脱原発の経済学』緑風出版

経済産業省（二〇〇四）「電源立地制度の概要」

原子力市民委員会（二〇一七）『原発立地地域から原発ゼロ地域への転換』

小池拓自（二〇一三）「原発立地自治体の財政・経済問題」『調査と情報』国会図書館、第七六七号

佐藤嘉幸、田口卓臣（二〇一六）『脱原発の哲学』人文書院

資源エネルギー庁（二〇〇四）「電源立地制度の概要 - 平成一五年度大改正後の新たな交付金制度 - 」

自然エネルギー財団（二〇一七）「日本における石炭火力新増設のビジネスリスク」

鈴木耕（二〇一一）「原発がいらない「20の理由」」http://www.magazine9.jp/osanpo/

全国市民オンブズマン連絡会議（二〇一一）「原発利益によってゆがめられ地方財政」

高度情報科学技術研究機構（ＲＩＳＴ）「原子力百科事典」http://www.rist.or.jp/atomica/
田中史郎（二〇一八）『現代日本の経済と社会』社会評論社
田中史郎（二〇一八）「グロテスクな廃炉ビジネス - 福島原発の現状と闇 -」『社会理論研究』社会理論学会、第一九号
張博（二〇一四）「原子力発電に対する優遇政策の現状と問題点」『現代社会文化研究』新潟大学大学院、第五八巻
東京電力「火力発電所の熱効率」http://www.tepco.co.jp/torikumi/thermal/images/fire_electro_efficiency.pdf
藤堂史明（二〇一四）「原発再稼働をめぐる経済的論理」『新潟大学経済論集』第九六号
中国電力「原子力発電のしくみと安全性」http://www.energia.co.jp/atom/more2.html
槌田敦著（一九九三）『エネルギーと環境：原発安楽死のすすめ』学陽書房
新潟日報社（二〇一七）『崩れた「原発神話」- 柏崎刈羽原発から再稼働を問う』明石書店
日本経済研究センター（二〇一七）「事故費用は５０～７０兆円になる恐れ」https://www.jcer.or.jp/policy-proposals/20180824-13.html
発電コスト検証ワーキンググループ（二〇一五）『長期エネルギー需給見通し小委員会に対する発電コスト等の検証に関する報告』https://www.enecho.meti.go.jp/committee/council/
牧野淳一郎（二〇一三）『原発事故と科学的方法』岩波書店
宮台真司、飯田哲也著（二〇一一）『原発社会からの離脱』講談社現代新書
三好ゆう（二〇〇九）「原子力発電所と自治体財政 - 福井県敦賀市の事例 -」『立命館経済学』第五八巻、第四号
山秋真著（二〇一二）『原発をつくらせない人びと：祝島から未来へ』岩波新書

＊第二章　Ⅱ　女川原発と町経済・町財政

明日香壽川、朴勝俊（二〇一八）『脱「原発・温暖化」の経済学』中央経済社
女川町誌編さん委員会（一九九一）『女川町誌（続編）』女川町
女川町企画課『女川町統計書』各年度版
小野一（二〇一六）『地方自治と脱原発―若狭湾の地域経済をめぐって』社会評論社

新潟日報社原発問題特別取材班（二〇一七）『崩れた原発「経済神話」』明石書店
日本水産株式会社（二〇一一）『日本水産百年史』
朴勝俊（二〇一三）『脱原発で地元経済は破綻しない』高文研
福井県立大学地域経済研究所（二〇一〇）『原子力発電と地域経済の将来展望に関する研究　その1―原子力発電所立地の経緯と地域経済の推移』
藤田祐幸（一九九六）「原発は町を「豊か」にしない―統計に見る女川町の衰退―」『技術と人間』二五巻一〇号（一二月）、四五～五七頁
宮城県『宮城県統計年鑑』各年度版

*第三章　Ⅰ原発が地域社会を破壊する

赤川勝矢（一九八二）「巻から　地域ファッションを呼ぶ公開ヒアー」西尾漠編『反原発マップ』五月社
朝日新聞津支局（一九九四）『海よ！　芦浜原発30年』風媒社
朝日新聞福井支局（一九九〇）『原発が来た、そして今』朝日新聞社
朝日新聞山口支局（二〇〇一）『国策の行方：上関原発計画の20年』南方新社
石川和彦（一九八一）「大阪↔日高直行便」『80年代』一九八一年一二月別冊「いま原発『現地』から」
磯部甚三（一九八八）「原発銀座・敦賀半島　おじいさんの海・原発の海」（まとめ・吉原清児）『現代農業』一九八八年九月増刊号「反核、反原発、ふるさと便り、潮騒の声を聞け」
井田与之平（一九八〇）「伊方2号炉裁判原告の準備書面から　四電に土地を売ってしまった妻は自ら命を絶った」『反原発新聞』第二三号、鎌田（一九八二）にも引用あり。
伊藤暢生（一九八〇）「揺れる原発立地　現地報告」一九八〇年一一月二五日付朝日新聞
鎌田慧（一九八二）『日本の原発地帯』潮出版社
川口祐二（二〇〇二）「聞き書き　潮騒はやまず」南島町芦浜原発阻止闘争本部・海の博物館編『芦浜原発反対闘争の記録　南島町住民の三十七年』南島町
北野進（二〇〇五）『珠洲原発阻止へのあゆみ』七つ森書館

木原省治（二〇一〇）『原発スキャンダル』七つ森書館
桑原正史（二〇〇六）「原発を拒否した町は今　その後の巻町」『反原発新聞』三四四号
剣持一巳（一九八二）『ルポ・原発列島』技術と人間
小島力（一九八〇）「故郷を破壊するものへの怒り　岩本忠夫さん（福島）」『反原発新聞』第二二号
小牧正二郎（二〇〇〇）「ひとこと」二〇〇〇年五月二九日付東京新聞
斉間満（二〇〇二）『原発の来た町　原発はこうして建てられた　伊方原発の30年』南海日日新聞社
鈴木静枝（二〇一二）「〈再録〉女から女への遺言状」「脱原発わかやま」編集委員会編『原発を拒み続けた和歌山の記録』
中日新聞福井支社・日刊県民福井（二〇〇一）『神の火はいま　原発先進地・福井の30年』中日新聞社
中西仁士（二〇一二）「反対運動をどう闘ってきたか」「脱原発わかやま」編集委員会編『原発を拒み続けた和歌山の記録』
西尾漠（二〇一四）「反原発運動へのいやがらせ　歴史と背景を分析する」海渡雄一編『反原発運動へのいやがらせ全記録―原子力ムラの品性を嗤う』明石書店
西尾漠（二〇一七）『日本の原子力時代史』七つ森書館
日本経済新聞（一九七八）「立ち往生の電源開発　広告マンの知恵拝借」一九七八年四月三日付日本経済新聞
原日出夫（二〇一二）『紀伊半島にはなぜ原発がないのか　日置川原発反対運動の記録』紀伊民報
一松輝男・浜一巳（二〇〇八）「原発を拒否した町　和歌山県日高町はいま」『反原発新聞』三六七号
松浦雅代（一九八九）「和歌山県の反原発運動の歴史と女たちの動き」三輪妙子編著『わいわいがやがや　女たちの反原発』労働教育センター
吉田智弥（一九七三）「革命的『裏切者』への憧憬」『反白書』一一号

＊第三章　Ⅲ　原発立地を撥ね返した地域

大島堅一（二〇一一）『原発のコスト』岩波新書
恩田勝亘（二〇一一）『原発に子孫の命は売れない―原発ができなかったフクシマ浪江町』七つ森書館
海渡雄一編（二〇一四）『反原発へのいやがらせ全記録―原子力ムラの品性を嗤う』明石書店
北野　進（二〇〇五）『珠洲原発阻止へのあゆみ―選挙を闘いぬいて』七つ森書館

北村博司（二〇一一）『新装版　原発を止めた町―三重・芦浜原発三十七年の闘い』現代書館
小出裕章（二〇一一）『原発のウソ』扶桑社新書
小出裕章・土井淑平（二〇一二）『原発のないふるさとを』批評社
小出裕章（二〇一四）『原発ゼロ』幻冬舎ルネッサンス新書
小出裕章（二〇一五）『原発と戦争を推し進める愚かな国、日本』毎日新聞出版
土井淑平（一九八六）『反核・反原発・エコロジー―吉本隆明の政治思想批判』批評社
西尾　漠（二〇一三）『歴史物語り　私の反原発切抜帖』緑風出版
日本科学者会議編（二〇一五）『原発を阻止した地域の闘い（第一集）』本の泉社
農文協編（二〇一二）『脱原発の大義―地域破壊の歴史に終止符を』農文協
原日出夫編（二〇一二）『紀伊半島にはなぜ原発がないのか―日置川原発反対運動の記録』紀伊民報
半田正樹（二〇一八）「原発を撥ね返す感性と理路」社会理論学会編『社会理論研究第19号』
堀内和恵（二〇一六）『原発を止める島―祝島をめぐる人びと』南方新社
山秋　真（二〇一二）『原発をつくらせない人びと―祝島から未来へ』岩波新書
山戸貞夫（二〇一三）『祝島のたたかい―上関原発反対運動史』岩波書店
山本義隆（二〇一五）『原子・原子核・原子力―わたしが講義で伝えたかったこと』岩波書店

＊第四章　地域循環型社会として自立する女川

明日香壽川・朴勝俊（二〇一八）『脱「原発・温暖化」の経済学』中央経済社
井野博満（二〇〇五）「循環型社会における技術のあり方」（『循環型社会を創る』エントロピー学会編、藤原書店）
宇沢弘文・内橋克人（二〇〇九）『始まっている未来』岩波書店
内橋克人（二〇一一）『共生経済が始まる』朝日文庫
枝廣淳子（二〇一八）『地元経済を創りなおす』岩波新書
大内秀明他編（二〇一八）『自然エネルギーのソーシャルデザイン』鹿島出版会
岡田知弘・川瀬光義・にいがた自治体研究所（二〇一三）『原発に依存しない地域づくりへの展望』自治体研究社

小田切徳美（二〇一四）『農山村は消滅しない』（岩波新書）
小田切徳美・藤山浩・石橋良治・土屋紀子（二〇一五）『はじまった田園回帰』農文協
女川町誌編纂委員会編（一九六〇）『女川町誌』宮城県女川町役場
女川町誌編纂委員会編（一九九一）『女川町誌続編』宮城県女川町役場「女川復幸の教科書」編集委員会編（二〇一九）
『女川　復幸の教科書』プレスアート
神谷隆史（二〇一三）『無から生みだす未来』ＰＨＰ
金丸弘美（二〇一五）『里山産業論』角川新書
菅野芳秀（二〇〇二）『土はいのちのみなもと　生ゴミはよみがえる』講談社
菅野芳秀（二〇〇五）「レインボープランが築く世界」（『循環型社会を創る』エントロピー学会編、藤原書店）
菅野芳秀（二〇一五）「地域が自立するということ」（『季刊　変革のアソシエ』第二二号、社会評論社）
菊地富夫（二〇一五）「私の置賜自給圏」（『季刊　変革のアソシエ』第二二号、社会評論社）
熊谷一規（二〇〇五）「循環型社会創りはどこが間違っているか」（『循環型社会を創る』エントロピー学会編、藤原書店）
熊谷一規（二〇一一）『脱原発の経済学』緑風出版
栗原康（一九九四）『有限の生態学』岩波書店（同時代ライブラリー）
小出裕章（二〇一二）『この国は原発事故から何を学んだのか』幻冬舎ルネッサンス新書
小出裕章（二〇一四）『原発ゼロ』幻冬舎ルネッサンス新書
佐々木力（二〇一六）『反原子力の自然哲学』未来社
佐藤拓也（二〇一四）『被災地からのリスタート　コルバトーレ女川の夢』出版芸術社
清水純一・坂内久・茂野隆一編（二〇一三）『復興から地域循環型社会の構築へ』農林統計出版
神野直彦（二〇〇五）『地域再生の経済学』中公新書
関根友彦（二〇〇一）「広義の経済学」（エントロピー学会編『「循環型社会」を問う』藤原書店）
高木仁三郎（一九八七）『いま自然をどうみるか』白水社
多辺田政弘（二〇〇一）「コモンズ論」（エントロピー学会編『「循環型社会」を問う』藤原書店）
玉野井芳郎・清成忠男・中村尚司編（一九七八）『地域主義』学陽書房

玉野井芳郎（一九七九）『地域主義の思想』農文協
玉野井芳郎（一九九〇）『地域主義からの出発』（玉野井芳郎著作集3、学陽書房）
中村尚司（一九七八）「地域の自立と水・土地・労働」（玉野井芳郎・清成忠男・中村尚司編『地域主義』学陽書房）
新妻弘明（二〇一一）『地産地消のエネルギー』NTT出版
西尾漠（二〇〇八）『エネルギーと環境の話をしよう』七ツ森書館
西尾漠（二〇一二）『なぜ即時原発廃止なのか』緑風出版
沼尾波子編（二〇一六）『交響する都市と農山村』（シリーズ田園回帰4・農文協）
朴勝俊（二〇一三）『脱原発で地元経済は破綻しない』高文研
半田正樹（二〇一三）「共同体的編成原理の射程」（『季刊　経済理論』第五〇巻、第三号、桜井書店）
半田正樹（二〇一八）「地域循環型社会としての新たなコミュニティの創発」（大内秀明・吉野博・増田聡編『自然エネルギーのソーシャルデザイン』鹿島出版会）
福士正博（二〇〇九）『完全従事社会の可能性』日本経済評論社
藤田祐幸（二〇〇一）「環境とエネルギー――原子力の時代は終わった」（エントロピー学会編『「循環型社会」を問う』藤原書店）
藤山浩（二〇一五）『田園回帰1％戦略』（シリーズ田園回帰1・農文協）
増田寛也（二〇一四）『地方消滅』（中公新書）
水戸巌（二〇一四）『原発は滅びゆく恐竜である』緑風出版
松永桂子・尾野寛明編（二〇一六）『ローカルに生きる・ソーシャルに働く』（シリーズ田園回帰5・農文協）
丸山真人（二〇〇一）「地域通貨」（エントロピー学会編『「循環型社会」を問う』藤原書店）
丸山真人（二〇〇五）「循環経済モデルの構想」（『循環型社会を創る』エントロピー学会編、藤原書店）
室田武・倉阪秀史・他（二〇一三）『コミュニティ・エネルギー』農文協
山本義隆（二〇一五）『原子・原子核・原子力』岩波書店
結城登美雄（一九九八）『山に暮らす　海に生きる』無明舎

結城登美雄（二〇〇九）『地元学からの出発』農文協
吉本哲郎（二〇〇八）『地元学をはじめよう』（岩波ジュニア新書）
朝日新聞社（二〇一九）『アエラ』（二〇一九、一月一四号）
置賜自給圏構想（二〇一六）「『生産基地』を再興するために」（『季刊　社会運動』）四二四号、市民セクター政策機構）
公益財団法人八十二文化財団（二〇一一）『地域文化』（季刊・通巻九六号）
河北新報「復幸の設計図—女川・公民連携の軌跡」
第一部・萌芽　一〜四　二〇一七年六月二五日〜二八日
第二部・再生　一〜四　二〇一七年八月九日〜一二日
第三部・共創　上〜下　二〇一七年一二月四日〜七日
第四部・突破　一〜五　二〇一八年二月一一日〜一六日
河北新報「揺らぐ原発城下町—宮城・女川からの報告」
上　経済依存　二〇一八一二月二七日
下　声なき声　二〇一八一二月二八日
女川町編（二〇一五）『女川町　東日本大震災記録誌』
http://www.town.onagawa.miyagi.jp/kirokushi.html
置賜自給圏
https://www.csonj.org/activity2/organic/organic2014/yamagata
核リポート　原発銀座：「脱原発派」、苦渋の決断　デジタル朝日新聞
https://www.asahi.com/articles/ASH2J3HNJH2JPTIL001.html
田園回帰　内閣府
http://www.maff.go.jp/j/wpaper/w_maff/h26/h26_h/trend/part1/chap0/c0_1_02.html
新しい「スタート」に満ちた、被災地・女川の復興
https://www.asahi.com/dialog/articles/12187979
https://www.asahi.com/dialog/articles/12188000?cid=pcinfeed1

原発地元の未来をいっしょに考えよう　朴勝俊
https://www.vill.tokai.ibaraki.jp/manage/contents/upload/5451964f8bf31.pdf
若狭ネット
http://wakasa-net.sakura.ne.jp/pre/news/171.pdf
40年廃炉訴訟市民の会　メールマガジン第6号
http://toold-40-takahama.com/2017/01/16/mailmag6/
おながわ市民共同発電所
https://onagawa-hatsuden.wixsite.com/home
千葉大学倉阪研究室＋認定NPO法人環境エネルギー政策研究所
永続地帯2017年度版報告書
https://www.isep.or.jp/wp/wp-content/uploads/2018/03/eizoku2017.pdf

【執筆者紹介】（＊は編者）

小出裕章（こいで・ひろあき）
1949年、東京都生まれ。元京都大学原子炉実験所助教。『原発と戦争を推し進める愚かな国、日本』（毎日新聞出版、2016年）ほか。

石川徳春（いしかわ・とくはる）
1958年、岩手県生まれ。仙台原子力問題研究グループ。「みやぎ脱原発・風の会」ホームページや機関紙『鳴り砂』に随時投稿中。

田中史郎（たなか・しろう）
1951年、新潟県新潟市生まれ。宮城学院女子大学教授。『商品と貨幣の論理』（白順社、1991年）『現代日本の経済と社会』（社会評論社、2018年）、共著『現代経済の解読－グローバル資本主義と日本経済』（御茶の水書房、2017年）ほか。

菊地登志子（きくち・としこ）
1950年、兵庫県神戸市生まれ。東北学院大学教授。編著『交響する社会―「自律と調和」の政治経済学』（ナカニシヤ出版、2011年）ほか。

西尾　漠（にしお・ばく）
1947年、東京都生まれ。原子力資料情報室共同代表。『はんげんぱつ新聞』編集長。『日本の原子力時代史』（七つ森書館、2017年）ほか。

＊篠原弘典（しのはら・ひろのり）
1947年、宮城県塩釜市生まれ。1971年東北大学工学部原子核工学科卒業。仙台原子力問題研究グループ。「脱原発、年輪は冴えています」（共著、七ツ森書館、2012年）ほか。

＊半田正樹（はんだ・まさき）
1947年、宮城県仙台市生まれ、東北学院大学名誉教授、編著『交響する社会』（ナカニシヤ出版、2011年）、「地域循環型社会としての新たなコミュニティの創発」（大内秀明他編『自然エネルギーのソーシャルデザイン』鹿島出版会、2018年、所収）ほか。

ダルマ舎叢書Ⅱ
原発のない女川へ　――地域循環型の町づくり

2019年9月10日　初版第1刷発行

篠原弘典・半田正樹 編著
装　幀―――本永惠子
発行人―――松田健二
発行所―――株式会社 社会評論社
東京都文京区本郷2-3-10
電話：03-3814-3861　Fax：03-3818-2808
http://www.shahyo.com
組　版――― Luna エディット .LLC
印刷・製本―倉敷印刷株式会社

Printed in Japan